생물학의 쓸모

생물학의 쓸모

김응빈 지음

더퀘스트

추천사

우리가 알아야 하는 것은 기초다. 상식을 쌓기 위해서 그리고 더 많은 지식을 알기 위해서는 기초 지식을 갖추어야 한다. 우리가 알고 싶은 것은 최신 기술이다. 어떤 분야에 대한 투자가 무슨 목적으로 이루어지는지, 그 결과 우리의 미래는 어떻게 달라지는지 알기 위해서는 현재 가장 뛰어난 학자들과 기술자들이 어떤 노력을 기울이는지 알 필요가 있다.

그런데 그 두 가지를 동시에 익히는 방법은 없을까? 나는 이 책에서 바로 기초와 최신 기술을 동시에 알아가는 재미를 제대로 맛보았다. 생물이 왜 호흡을 하는지, DNA가 무엇인지, 생태계는 어떻게 구성되어 있는지, 학교의 기초 과목에서 익힐 만한 지식을 그 분야의 가장 발전된 최첨단 기술을 소개하면서 알려준다. 그렇기에 기초 지식이 지루한 공붓거리로 느껴지기보다는 미래를 소개하는 화려한 광고처럼 다가온다. 정말로 미래에는 이런 환상적인 일들이 이루어질 수 있을까? 이런 기술로 세상이 달라지고 새롭게 성공을 거두는 사람들이 나타날까 하는 달콤한 꿈을 좇으며 책장을 넘기다 보면 어느새 생물학의 기초 지식을 자기도 모르게 다지게 된다.

그래서 생물학에 대해 낯설게 생각하는 사람에게는 이 책이 다양한 현실 문제와 긴밀하게 맞닿아 있는 이야기 속에서 꼭 알아야 하는 내용을 접할 좋은 기회다. 또한 생물학을 어느 정도 익힌 사람들에게도 예전에 배운 복잡하고 어려운 내용이 도대체 실생활에서 어떤 의미가 있고, 그 과학을 이용해서 사람들이 어떻게 현장에서 산업을 이끌어나가는지 톡톡히 되짚어줄 책이다. 주식 투자에서 유망 종목을 찍어주는 이야기를 읽듯이, 한 장 한 장 넘기다 보면 생물학 교과서의 내용과 미래에 펼쳐질 모습이 머릿속에 쌓이는 책인 셈이다.

-곽재식(공학박사이자 SF소설가, 《지구는 괜찮아, 우리가 문제지》,
《곽재식의 아파트 생물학》 저자)

사실 쓸모를 직관적으로 떠올리기 힘든 것이 상당히 많지만, 우리는 무언가 이야기를 꺼낼 때 그게 쓸모가 있는지 묻는 경우가 많다. 특히나 과학에 대해서는 더욱 그렇다. 그 쓸모를 판단하는 잣대를 더욱 엄격하게 들이대는 경우가 많다. 하지만 과학은 오히려 그 잣대를 환영한다.

인류와 직접적으로 연관이 있어 스스로 더욱 엄격한 기준을 적용하는 《생물학의 쓸모》는 책 제목처럼 명쾌하다. 보이지 않을 만큼 작은 녀석들부터 이들이 상호작용하며 구성하는 아주 거대한 시스템까지, 생물학은 무엇 하나 쓸모없는 순간이 없다. 마치 충분히 육수를 내고 난 뒤에, 몸통은 볶음을 만들거나 조림에 넣었다가 주먹밥이나 김밥까지 싸 먹는 능숙한 요리사의 멸치처럼 말이다. 쓸모를 영혼까지 끌어올린 생물학을 제대로 만나볼 시간이다.

- 궤도(과학 커뮤니케이터, 《과학이 필요한 시간》, 《궤도의 과학 허세》의 저자)

▼

▼

인류의 기원을 밝히고 미래를 만드는
21세기 시스템의 언어

"'생명시스템'은 무엇이고, '시스템생물학'은 어떤 학문인가요?"

'생명시스템대학 시스템생물학과'라는 내 소속 기관 이름을 두고 자주 받는 질문이다. 이에 대한 내 답변은 간단명료하다. "그냥 시스템을 빼보세요." 그러면 대부분 "아, 생명대학 생물학과"라며 고개를 끄덕인다. 더러는 왜 '쓸데없이' 시스템을 넣어서 괜히 어렵게 만들었냐고 볼멘 투로 되묻기도 한다. 그러면 나는 내심 쾌재를 부른다. "당신은 낚였다!" 절대로 조롱하는 것이 아니다. 진솔한 대화를 나눌 통로가 열린 것을 기뻐함이다. 사실 물음표(?)는 매번 우리를 낚는 바늘(¿)이다. 그럼 첫 번째 낚싯바늘을 빼보자.

물음은 시스템system이라는 익숙한 외래어에서 비롯되었다. 미국의 온라인 영영사전 《메리엄웹스터Merriam-Webster》에서는 시스템을 'a regularly interacting or interdependent group of items forming a unified whole'이라고 정의한다. 단어 순서대로 의미를 풀어보면, 어떤 규칙에 따라 상호작용하거나 상호의존해서 하나로 기능하는 일군의 요소를 뜻한다.

생물학에서는 생물(생명체)을 일컫는 말로 오가니즘organism을 오래 전부터 사용하고 있다. 유기체로도 번역하는 이 단어의 어원은 '기관organ의 집합체'라는 뜻이다. 호흡기, 소화기, 순환기 같은 기관은 조직tissue이 모인 것이다. 그리고 조직은 또다시 세포cell로 나눌 수 있다. 이처럼 오가니즘은 순차적으로 배열한 구성요소가 하나의 시스템으로 통합되어 기능한다. 한마디로 생명시스템living system인 것이다. 이로써 '생물 = 오가니즘 = 생명시스템'이라는 등식이 성립된다. 쓸데없이 시스템을 붙인 게 아니다.

인간이라는 생명시스템의 네트워크

인간을 포함한 모든 생물은 흙과 같은 자연환경에 흔히 존재하는 평범한 30여 가지의 원소로 이루어져 있다. 신기하게도 이런 물질들이 복잡하게 결합하며 시스템을 이루는 과정에서 어느 순간 전에 없던 새로운 흐름인 '생명'이 나타났다. 생물학에서는 세포를 생명의 최소 단위로 본다. 다시 말해 세포는 가장 작은 단위의 생명시스템이다. 그러므로 단세포생물이 존재한다. 단세포든 다세포든 모든 생물은 발생과 성장, 물질대사, 생식 및 유전을 하며 자극에 반응하고 항상성을 유지해간다.

이러한 생명현상이 나타나는 근본 원리는 복잡하고 난해하기 짝이 없다. 아주 간단하고 하찮아 보이는 단세포생물, 예컨대 박테리아조차도 그 생명시스템 안에서는 수천 개의 화학반응이 동시에 이루어진다. 오케스트라가 교향곡을 연주하듯 모두 아름답게 조화를 이루면서 말이다. 우리 몸으로 말하자면, 박테리아보다 훨씬 더 복잡한 세포가 조 단위로 모여 긴밀하게 공조하면서 생명 활동을 유지하고 있다. 인체는 세포에서 조직과 기관을 거쳐 개체(오가니즘)에 이르는 계층 구조로 이루어져 있는데, 각 계층 역시 각각 별도의 시스템으로 작동한다.

생물학에서는 무엇보다도 관찰과 실험을 할 수 있는 생명현상에 근거해 생물의 특성을 탐구한다. 이 과정에서 생명현상을 더 잘 이해하기 위해 생명시스템을 구성 부분들로 나누어 분석한다. 이러한 환원적 분석법이 생명현상을 상당히 설명해준 것은 분명하다. 그러나 생물은 부분들의 단순한 집합체가 아니다. 2004년 저명한 미국 미생물학자 칼 우즈Carl Woese는 환원주의를 경험적 환원주의empirical reductionism와 근본주의적 환원주의fundamental reductionism로 구분했다. 전자는 생명현상을 더 잘 이해하기 위해 현상을 구성하는 각 부분들로 환원하는 분석 방식이다. 이 경우 환원된 분석 결과에는 한 가지 방법으로만 밝혀진 진실이라는 제한된 의미가 있다. 반면 근본주의적 환원주의는 환원으로 설명된 현상이 유일하게 참인 세계라고 주장한다. 우즈는 생물학에서 환원으로 설명된 현상이 유일하게 참이라고 강변한다면 생물학은 발견과학에서 형이상학으로 변질된다고 경고한다.

예컨대 '유전자'는 생명시스템의 가장 밑바닥에 자리하면서 시스템 작동에 필요한 정보를 쥐고 있다. 그러나 어떤 유전정보를 언제 어떻게 읽어낼 것인지는 시스템 전체의 복잡한 조절 역학에 따라 결정된다. 유전자는 시스템 안팎을 오가는 다양한 신호들과 얽혀 네트워크를 이룬다. 따라서 생명현상을 밝히는 데 있어서 유전자의 기능을 개별적으로 아는 것만으로는 충분하지 않다. 생명현상은 세포에서 개체에 이르기까지 모든 수준에서 정해진 규칙에 따라 구성요소가 서로 치밀하게 연관되어 작용한 결과다. 만약 이 구성요소 가운데 어느 하나라도 규칙을 벗어나 작용하면 곧바로 전체 시스템에 이상이 생긴다. 오늘날 생물학은 유전자로 환원할 수 있는 단순한 지식체계가 아니다.

나무가 아니라 숲을 보는
21세기 생물학

21세기 생물학은 수많은 유전자와 단백질, 화합물 사이를 오가는 상호 작용 네트워크를 규명해서 생명현상을 이해하려고 한다. 이런 방법론이 바로 시스템생물학Systems Biology이다. 말하자면 시스템생물학은 생물을 개별 구성요소 수준이 아닌 시스템 수준에서 연구함으로써 구성요소 사이의 상호작용과 그에 따른 시스템 전체의 기능을 이해하려는 시도다.

인체를 숲에 비유해보자. 생물학 초기에는 그저 밖에서 숲을 바라보기만 했다. 저 안에 뭐가 있을지 어떻게 작동하는지 궁금했고, 이를 상상하며 설레기도 했을 것이다. 그러다 점점 숲속으로 들어가기 시작했다. 수많은 연구자가 이리저리 숲을 돌아다니며 저마다 이런저런 사실을 알아냈고, 이런 정보가 계속 쌓이면서 나름대로 길이 생겨났다. 그리고 마침내 2003년 생물학 역사에 기념비적인 업적이 세워졌다. 1990년에 야심 차게 시작한 인간게놈프로젝트Human Genome Project, HGP가 99.9퍼센트의 정확도로 종료된 것이다. 이로써 인간이라는 숲의 정밀한 지도가 드디어 완성됐다.

이제 생물학은 '유전체 지도genome map'라고 부르는 '생명의 설계도'

를 들고 생명현상을 탐구한다. 여기에 더해 RNA와 단백질을 비롯한 각종 세포 내 대사물질을 측정하고 분석하는 기술이 발달하면서 세포 구성요소들과 그들의 상호작용에 관한 광범위한 목록을 나날이 추가하고 다듬어간다. 마치 생명체의 몸속 내비게이션을 업데이트하듯이 말이다.

나아가 생물학은 다른 학문과의 융합연구를 확대하면서 다양한 바이오융합 기술을 새롭게 개발하고 있다. 의학 분야에서는 항생제에 내성이 있는 세균을 물리치기 위한 새로운 치료법을 개발하고 부작용이 거의 없는 항암표적치료제를 만드는 데 미생물 자석을 활용하는 등 노화, 암, 대사질환을 비롯한 난치병 치료법을 찾아가는 데 주력한다. 환경 분야에서는 환경을 파괴하지 않는 생물연료를 개발하며 기후탄력적 기술을 만들고 사람들의 생각을 전환시키는 데 동참한다.

이른바 '바이오 시대'를 맞이하여 생물학도로서 바이오bio의 의미를 새삼 되새기곤 한다. 익히 알려진 대로, 생물학을 뜻하는 Biology는 각각 생명과 학문을 의미하는 bios와 logos가 합쳐진 말이다. 흥미롭게도 고대 그리스에서는 bios라는 단어를 음절 앞쪽에 강세가 있으면 '활', 음절 뒤쪽에 강세가 있으면 '생명'이란 뜻으로 사용했다고 한다. 그래서 고대 그리스 철학자 헤라클레이토스Heraclitus of Ephesus는 "활이 생명을 뜻하지만, 하는 일은 죽음이다"라는 경구를 남겼다. 기본적으로 활은 자기 생명을 보존하기 위해 다른 생명체를 죽이는 무기다. 살아간다는 것은 죽어가는 과정과 일치하며, 한 생명체가 살려면 다른 생명체는 죽어야만 한다. 옛 철학자는 언어유희를 통해 생명과 죽음이 실상 하나임을 알리고자 했다.

생물의 변형과 복제를 넘어 설계와 제조까지 시도하고 있는 21세기 생물학에서 바이오의 야누스적 얼굴이 얼핏얼핏 보인다. 바이오 기술이 인류에게 큰 행복을 선사할 것이라는 기대와 함께 전혀 예상치 못한 재앙이 닥칠 수 있다는 우려도 있다. 이제 다섯 가지 이야기를 통해 오늘날 생물학의 잠재력과 그 바람직한 쓸모를 살펴보자.

2023년 6월
김응빈

차례

생명시스템의
시간을 되돌려라

세포

인체를 이루는 세포 가운데 단 하나의 세포가 만능성을 잃지 않는다.
인류는 그 세포를 통해 시간을 되돌리는 연구를 진행하고 있다.
과연 세포의 역분화는 가능할까? 가능하다면 언제쯤 상용화될까?

세포는 생명현상을 나타내는 최소 단위다. 그 첫 발견은 1665년에 이루어졌다. 손수 제작한 현미경으로 얇은 코르크조각을 관찰하던 영국의 과학자 로버트 훅Robert Hooke은 마치 벌집처럼 작은 빈칸이 따닥따닥 붙어 있는 모양을 보고 그 각각을 '세포'라고 불렀다. 세포의 영어 단어 cell은 작은 방을 뜻하는 라틴어 cella에서 유래했다. 빈칸이 붙어 있는 모양을 본 훅의 머릿속에 수도사가 생활하는 작은 방이 떠올랐다고 한다. 엄밀히 말해서 훅이 본 것은 코르크조직의 세포벽이었다.

살아 움직이는 세포를 처음으로 발견한 인물은 네덜란드의 박물학자이자 무역상이었던 안톤 판 레이우엔훅Antonie van Leeuwenhoek이다. 레이우엔훅 역시 자신이 직접 만든 현미경으로 빗물부터 자신의 대변에 이르기까지 별의별 것을 다 살펴보았다. 학문적 탐구라기보다는 호기심에 찬 취미 활동이었다. 그는 작은 생물들이 항상 꼬물거리는 것을 발견하고 1673년부터 이를 자연과학 진흥을 위한 런던왕립학회The Royal Society of London for Improving Natural Knowledge에 편지로 알리기 시작했다. 런던왕립학회는 뜬금없이 나타난 상인의 말을 대수롭지 않게 흘려듣다가, 편지가 계속 오자 1678년 훅에게 사실 여부를 확인하게 했다. 확인 결과 편지의 내용은 모두 사실로 판명되었다. 이로써 훅은 현재 '미생물'로 알려진 단세포생물의 발견이 인정을 받는 데도 일조했다.

17세기 이후로 현미경의 성능이 나날이 향상되었고 많은 과학자가 이를 통해 동식물세포를 수없이 관찰했다. 사실 과학자들은 이보다 훨씬 오래전부터 살아 있는 생명체를 이루는 기본 단위가 있다고 믿었지만, 현미경 렌즈에 잡힌 세포가 그 주인공일 것이라고 생각한 사람은 아무도 없었다. 마침내 1824년 프랑스의 생물학자 앙리 뒤트로셰Henri Dutrochet가 '세포가 생명체를 이루는 기본 요소'라고 말하면서 돌파구를 열었다. 그는 식물조직을 질산용액에 넣고 열을 가하면 세포들이 뿔뿔이 흩어지는 모습을 포착했다.[1]

현미경 발달에 더해 세포염색법이 개발되면서 과학자들은 세포를 더 자세하게 관찰할 수 있었다. 그 결과 애초에 빈방이라고 생각했던 세포의 내부 구조가 훨씬 더 복잡하다는 사실이 밝혀졌다. 특히 영국의 식물학자 로버트 브라운Robert Brown은 1831년에 세포 안에서 상대적으로 큰 구조인 핵nucleus을 발견했다. 그는 1827년에 현미경으로 물에 떠 있는 꽃가루를 관찰하다가, 꽃가루에서 나온 작은 입자가 물 위에서 끊임없이 움직이는 것을 보고 브라운운동Brownian motion을 발견하기도 했다. 브라운운동은 액체나 기체 안에서 떠다니는 작은 입자의 불규칙한 운동을 말한다.

그리고 1830년대가 지나가기 전에 두 명의 독일 과학자가 세포 연구에 획기적인 전기를 마련했다. 마티아스 슐라이덴Matthias Schleiden은 당시 식물학 연구의 주류였던 식물의 종 분류 작업보다는 현미경으로 식물의 구조와 성장을 탐구하는 일에 몰두했다. 그 연구 결과를 바탕으로 1838년에 《식물의 기원Beiträge zur Phytogenesis》을 발표하면서 식물의 모든 부분이 세포로 이루어져 있다고 주장했다.

　한편 비슷한 시기에 신경과 근육 조직에 관심이 많던 생리학자 테오도어 슈반Theodor Schwann이 슐라이덴과 이야기를 나누다가, 세포분열에서 세포핵의 역할에 관한 설명을 들은 직후 동물세포에서 비슷한 구조를 확인했다. 동물세포와 식물세포의 구조가 기본적으로 같다는 사실을 간파한 슈반은 1839년에 모든 생물은 세포와 그 생성물로 이루어진다고 주장하는 논문을 발표했다. 세포가 생물 구조와 기능의 기본 단위라는 세포설cell theory이 탄생한 것이다. 그리고 1858년에는 독일의 병리학자 루돌프 피르호Rudolf Virchow가 '세포는 이미 존재하며 살아 있는 세포에서만 생길 수 있다'라는 생물속생설biogenesis을 주장하고 1861년에 루이 파스퇴르Louis Pasteur가 실험으로 이를 증명하면서 세포설을 발전시켰다. 아울러 파스퇴르의 실험은 생물이 아무것도 없는 자연 상태에서 우연하게 생겨난다고 주장하는 자연발생설spontaneous generation을 논박하고 미생물과 감염병의 관계를 규명하는 토대를 마련했다.

뇌세포의 정체를 밝혀라

어느 날 무심코 TV 채널을 돌리다 〈유미의 세포들〉이라는 드라마를 만났다. 이 드라마에서는 뇌세포를 '사랑세포' '이성세포' '작가세포' '불안세포' '판사세포' 등으로 다양하게 의인화해서 상황에 따라 변하는 주인공 유미의 심리 상태를 섬세하게 묘사했다. 여기에 더해 귀여운 애니메이션으로 그린 세포들 덕분에 잔잔한 감동을 느끼며 마지막 회까지 재미있게 봤다. 뇌세포가 드라마에서 감초 역할을 하는 세상이라니, 생물학을 공부하는 사람으로서 감개가 무량하다. 하지만 드라마에 나오는 세포들처럼 특정 감정이나 행동을 담당하는 개별 뇌세포는 없다. 각각의 기능은 수많은 뇌세포가 네트워크를 이룬 결과다. 작가의 창의적 설정에 까탈스럽게 시비를 거는 게 아니라 생물학적으로 말하자면 그렇다는 뜻이다. 그러니 〈유미의 세포들〉의 상상력을 토대로 해서 한층 재미있게 세포 여행을 해보자.

뇌는 우리 몸의 컨트롤타워다. 중추신경계 대부분을 차지하면서 감각기관에서 전달받은 다양한 정보를 종합하고 분석해서 신체 각 부분에 명령을 내리고 기능을 조절한다. 중추신경계에서 뻗어 나와 온몸에 퍼져 있는 말초신경계는 그 기능에 따라 체성신경계와 자율신경계로 나눈다. 자극 정보를 중추신경계로 전달하고, 이에 대한 명령을 해당 반응기에 보내는 체성신경계는 12쌍의 뇌신경과 31쌍의 척수신경으로 이루어져 있다. 자율신경계는 대뇌의 직접적인 영향을 받지 않는다.

인간의 뇌는 보통 대뇌, 소뇌, 중뇌(중간뇌), 간뇌(사이뇌), 숨뇌(연수)로 구분한다. 그리고 중뇌와 간뇌, 숨뇌를 합쳐 '뇌줄기brain stem(뇌간)'라고 한다. 숨뇌와 이어져 척추 속으로 뻗어 있는 척수는 뇌와 말초신경계를 연결한다. 말하자면 몸에서 뇌로, 뇌에서 몸으로 오가는 정보를

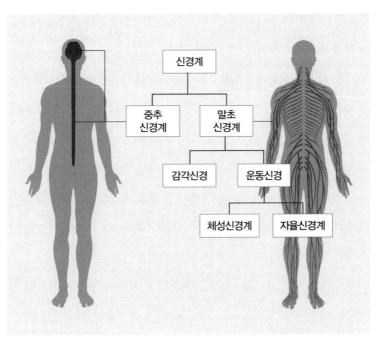

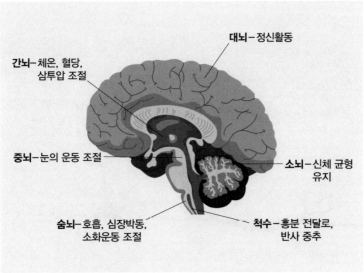

| 그림 1-1 | **우리 몸의 신경계(위)와 뇌의 구조 및 주요 기능(아래)**

중계하는 것이다. 이 덕분에 척수가 없는 무척추동물에 비해서 척추동물의 중추신경계가 크게 발달했다.

뇌를 비롯한 신경계는 뉴런neuron이라는 신경세포로 구성된다. 뉴런은 다른 체세포와는 모습이 다르다. 바로 이 독특한 구조 때문에 '자극과 반응'이라는 정보전달이 이루어질 수 있다. 뉴런의 신경세포체는 핵과 세포질로 이루어져 있고, 이 신경세포체에서 축삭(신경돌기)과 가지돌기가 나온다. 이름 그대로 나뭇가지를 닮은 가지돌기는 인접한 뉴런에서 정보를 받아들이고, 밧줄처럼 생긴 축삭은 이 신호를 인접한 다른 뉴런에 전달한다. 뉴런을 통해 흐르는 정보는 전기신호다.

우리 몸을 이루는 모든 세포는 세포막을 사이에 두고 전위차를 형성하는데, 이를 막전위membrane potential라고 한다. 자극이나 신호를 받으면 뉴런의 막전위가 변하고, 이 변화가 정보전달 매체로 이용된다.

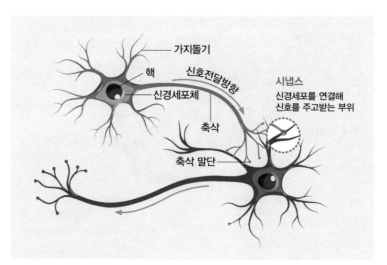

| 그림 1-2 | **일반적인 뉴런의 구조**

신호가 도달하기 전에는 뉴런의 세포막 안쪽에 음이온을 띠는 화합물이 상대적으로 많다. 그 결과 신호전달이 이루어지지 않을 때는 뉴런의 안쪽이 음성(-)을, 바깥쪽은 양성(+)을 띤다. 이러한 상태를 분극polarization, 이때의 막전위를 휴지전위resting potential라고 한다. 다시 말해 휴지전위는 뉴런이 신호를 전달하기 전의 준비 상태다.

뉴런의 전기신호 전달에는 소듐sodium(나트륨)이온(Na⁺)과 포타슘potassium(칼륨)이온(K⁺)이 핵심 역할을 한다. 뉴런이 자극을 받으면 세포막의 투과성이 갑자기 변해서 바깥쪽에 있던 소듐이온이 빠르게 세포막 안으로 들어온다. 그 결과 순간적으로 세포막 안팎의 전위가 뒤바뀐다. 이를 탈분극depolarization이라 하고, 이에 따른 전위 변화를 활동전위action potential라고 한다. 정보전달은 뉴런 내부로 들어온 소듐이온이 옆으로 퍼지면서 연속적으로 탈분극을 일으킴에 따라 활동전위가 전도되면서 이뤄진다.

인접한 뉴런들 사이에는 시냅스synapse라는 20나노미터 정도의 틈이 있다. 전기신호는 축삭 말단에 도달해서 아주 작은 주머니인 소포체endoplasmic reticulum를 터뜨린다. 그 안에는 뉴런과 뉴런 사이, 곧 시냅스를 오가며 메신저 역할을 하는 신경전달물질이 들어 있다. 지금까지 인간의 뇌에서 확인된 신경전달물질은 '행복 호르몬'으로 알려진 세로토닌serotonin과 도파민dopamine을 비롯해서 100가지가 넘는다. 그런데 '호르몬 = 신경전달물질'이라고 오해할 수 있기 때문에 분명히 짚고 넘어가야 한다. 호르몬과 신경전달물질은 둘 다 인체의 화학적 메신저라는 점은 같다. 그러나 신경전달물질은 시냅스에서 전기신호를

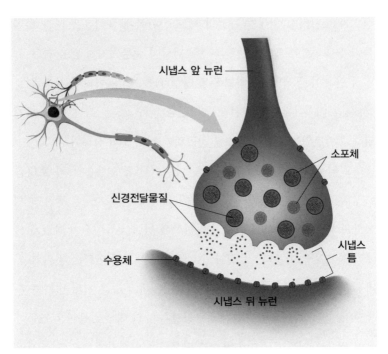

| 그림 1-3 | **시냅스에서 일어나는 신경전달물질 전달 과정**

전달하는 반면, 호르몬은 세포 밖으로 분비되어 혈액이나 림프액을 타고 온몸을 돌아다니면서 특정 표적 세포를 자극한다.

인간의 머릿속 네트워크시스템, 커넥톰

시냅스는 뉴런을 연결할 뿐 아니라 기억 저장소 역할도 한다. 사실 이러한 생각 자체는 20세기 중반에 이미 제기되었다. 대표적으로 캐나다의 신경심리학자 도널드 헵Donald Hebb은 1949년에 출간한 저서 《행동의 조직화: 신경심리학적 이론The Organization of Behavior: A Neuropsychological Theory》에서, 뉴런이 서로 연결된다는 가설을 기반으로 "기억은 신경세포 시냅스에 저장되며 학습을 통한 시냅스 변화가 기억의 물리적 실체다"라고 제안했다. 학계에서는 이 가설을 유력하게 받아들이면서도 기술적 한계 때문에 실험으로 입증하지 못했다. 그러다가 2018년 한국 연구진이 돌파구를 열었다.[2]

서울대학교 강봉균 교수와 그 연구진은 먼저 뉴런 하나에 연결된 수천 개의 시냅스를 종류별로 구분하는 기술을 개발해서 실험용 쥐의 해마에 적용했다. 양쪽 측두엽에 있는 해마는 기억 형성에 중요한 역할을 하는 것으로 알려진 부위다. 이 실험에서는 학습이 일어나는 동안 몇몇 시냅스에 특이한 변화가 일어나는 것이 관찰됐다. 아울러 강렬한 기억일수록 더 큰 변화가 일어나는 것을 관찰함으로써 이 시냅스들이 기억 저장소임을 확인했다.

물질적 성분으로만 보면 뇌는 머리뼈로 둘러싸인 약 1.4킬로그램의 지방과 단백질 덩어리에 불과하다. 하지만 세포 수준에서 살펴보면 자그마치 1,000억 개에 달하는 신경세포(뉴런)가 100조 개가 넘는 연결을 이루고 있다. 이러한 연결망을 지도로 연결한 것이 커넥톰connectome이다. 2003년에 '인간게놈프로젝트(이하 HGP)'를 완료한 인류는 2009년에 또 다른 야심작 '인간커넥톰프로젝트Human Connectome Project, HCP'를 시작했다.[3]

HCP는 말 그대로 인간의 커넥톰을 연구하는 프로젝트로 2018년 11월 16일에 공식적으로 일단락되었다. HCP는 기본적으로 뇌 활동을 시각화하는 기술 덕분에 가능했다. 1992년에 개발된 자기공명영상magnetic resonance imaging, MRI을 필두로 뇌가 활동하는 모습을 실시간으로 볼 수 있는 기술이 나날이 발전하고 있다. MRI 기술은 강한 자기장에 몸속 수소원자가 자기장의 방향으로 정렬되는 원리를 이용한다. 자기장에 노출된 신체 부위에 전파를 쏘면 정렬된 수소원자들이 잠시 이탈했다가 제자리로 돌아온다. 이 과정에서 수소원자는 약한 전파를 방출하는데, 이 전파를 스캐너가 수집한다. 수집한 데이터는 컴퓨터 프로그램을 이용해 영상으로 만들어진다.

이러한 기본 MRI에 산소가 풍부한 혈액과 산소가 소진된 혈액을 구별할 수 있는 기능을 더한 방식이 기능functional MRI다. 뇌세포가 왕성하게 활동할수록 주변의 혈관에서는 더 많은 산소를 뇌에 공급해야 하기 때문에 피의 흐름이 증가한다. fMRI는 그 순간의 산소량 증감을 이용해 뇌 영상을 보여준다. MRI가 구조를 찍는다면 fMRI는 주로 기능을 찍는 것이다. 또 물 분자의 움직임을 추적하는 확산강조diffusion-weighted MRI는 뉴런을 따라 수분이 확산되는 경로를 영상으로 담아낸다. 이러한 기술에 첨단 세포염색법과 현미경이 가세해서 완전한 커넥톰을 구축하기 위해 노력하고 있다. 대표적으로 2013년에 미국 국립보건원National Instiues of Health, NIH에서 추진한 브레인이니셔티브BRAIN Initiative, 유럽연합에서 추진한 휴먼브레인프로젝트Human Brain Project 등이 있다. 아직 갈 길은 멀지만 인간의 뇌지도가 완성되면 기억과 지식 등이 뇌의 어느 부분에 저장되고 어떻게 활용되는지를 생생하게 파악할 수 있을 것이다.

생물학적 프라임세포

몸집에 따라 다르지만, 인간의 몸은 70킬로그램 성인 기준으로 38조 개의 세포로 이루어져 있다고 추정한다.[4] 드라마 〈유미의 세포들〉의 설정에 따르면 우리 몸에는 세포 수만큼이나 다양한 세포가 있다. 그리고 그 많고 다양한 세포는 유미의 행복을 위해 프라임세포를 중심으로 한마음이 되어 노력한다. 드라마에서는 프라임세포가 오케스트라의 지휘자처럼 세포들의 움직임을 조율해서 한 사람의 성격을 만들어가는 셈이다. 서로 다른 세포가 친해져 융합형 프라임세포를 만들기도 하는데, 이 때문에 사람이 살아가면서 성격과 관심사가 바뀐다. 그렇다면 생물학적으로도 프라임세포가 있을까?

인간의 몸에는 서로 다른 200여 가지의 세포가 있다. 하지만 그 종류에 상관없이 모든 세포는 수정란fertilized egg이라는 하나의 세포에서 만들어진다. 이렇게 수정란이 개체로 성장하는 과정을 발생development이라고 한다. 인간을 예로 들면, 대략 지름 0.1밀리미터, 무게 0.000004그램짜리 세포 하나가 평균 38주(266일) 동안 급속히 분열하고 정교하게 분화되면서 새로운 인간이 생겨나는 놀라운 사건이다.[5] 우리나라 통계에 따르면, 신생아의 평균 키와 몸무게는 각각 49센티미터와 3킬로그램 정도다.[6] 불과 아홉 달 정도 만에 하나의 세포가 수십억 배로 늘어나는 성장 속도도 놀랍지만, 미세한 세포에서 어여쁜 아기로 변신하는 발생 과정은 가히 기적과도 같다.

"전하, 중전마마께서 수태受胎하신 듯하옵니다." 사극에 가끔 등장하는

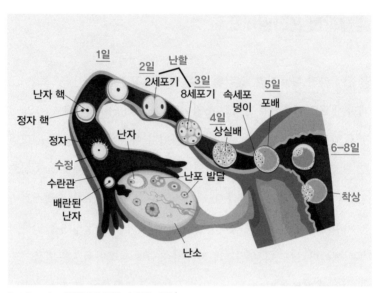

다. 1일 — 난자 핵, 정자 핵, 정자, 수정, 수란관, 배란된 난자, 난소, 난자, 난포 발달, 2일 — 2세포기 난할, 3일 — 8세포기, 4일 — 상실배, 속세포 덩이, 5일 — 포배, 6-8일, 착상

| 그림 1-4 | **수정부터 착상까지의 과정**

대사다. '수태'는 아이를 가졌다는 뜻인데, 생물학적으로 수정fertilization

과 착상implantation이라는 두 단어가 합쳐진 말이다. 수정은 수란관(자

궁관)에서 난자의 핵과 정자의 핵이 융합해 수정란을 만드는 과정이다.

수란관은 난자를 만드는 난소(알집)와 자궁을 연결하는 가느다란 관이

다. 수정란은 수란관 내벽에 있는 섬모의 움직임과 연동운동을 통해 자

궁으로 운반되어 자리를 잡고 영양분을 받으며 발생을 시작한다. 이것

을 착상이라고 하며, 이때부터 임신이 시작된 것으로 본다.

수정된 뒤 착상하기까지는 일주일쯤 걸린다. 이 기간에 수정란에는

엄청난 변화가 일어난다. 이동하면서 분열(난할cleavage)을 거듭해 2, 4,

8, 16 세포기를 거치면서 세포(할구)가 많아진다. 수정란의 난할은 기

본적으로 체세포분열과 같은 과정을 거치지만, 중요한 차이점이 하나

있다. 1개의 세포가 2개의 세포로 갈라져 세포의 개수가 늘어나는 체세포분열은 세포가 자라서 일정한 크기가 된 다음에 일어난다. 하지만 수정란은 부피가 그대로인 상태로 난할을 거듭한다. 할구 수는 점점 많아지고 그 크기는 작아지는데, 그 모양이 뽕나무 열매(오디)를 닮았다 하여 '뽕나무 상桑'과 '열매 실實'을 더해 상실배morula(오디배)라고 한다. 상실배가 자궁에 도착할 즈음에는 안쪽에 있는 세포들이 바깥쪽 벽으로 붙어 층을 이루면서 속이 빈 공처럼 된다. 이를 포배blastocyst(주머니배)라 하고, 그 빈 공간을 포배강blastocoel이라고 한다. 포배의 가장 바깥쪽 세포들은 자궁에 달라붙어 태반을 이루고, 안쪽 세포들은 장차 다양한 세포로 분화해 여러 조직과 기관으로 발달한다. 이 세포를 속세포덩이inner cell mass라고 하는데, 여기에서 분리된 세포가 바로 배아줄기세포embryonic stem cell다.

착상 후 계속 세포분열을 하면서 포배의 표면적이 늘어나다가, 일정 수준에 이르면 표면 세포층이 포배강 속으로 밀려 들어가 또 다른 층을 이룬다. 이제 배아는 난할이라는 급속한 세포분열 시기를 마치고 각 세포의 운명이 결정되는 낭배기gastrula stage에 진입한 것이다. 세포층의 일부가 들어가며 낭배형성gastrulation이 시작되었음을 알리는 부위를 원구blastopore라고 하는데, 이는 나중에 항문이 된다. 그리고 낭배에는 세포가 이동하면서 다층 구조, 곧 외배엽과 중배엽, 내배엽이 만들어진다.

낭배기의 세포는 그 자리에 따라서 RNA 정보와 단백질 조성이 다르다. 이러한 세포질 구성 성분의 차이가 세 배엽이 서로 다른 세포로

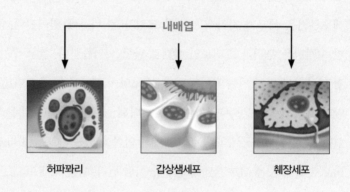

허파꽈리   갑상샘세포   췌장세포

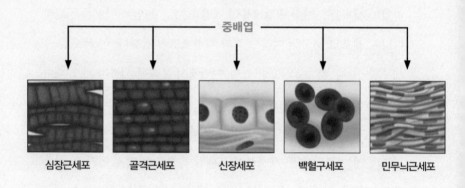

심장근세포   골격근세포   신장세포   백혈구세포   민무늬근세포

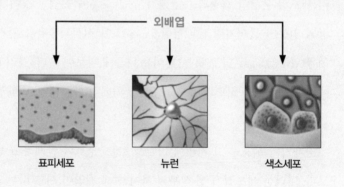

표피세포   뉴런   색소세포

| 그림 1-5 | **낭배 내 세 배엽의 변화**

발생할 수 있는 기폭제가 된다. 간단하게 살펴보면 내배엽은 소화계와 호흡계로, 중배엽은 근골격계, 혈관계로 그리고 외배엽은 피부와 신경계로 발달한다. 예컨대 사랑의 상징인 심장과 우리 몸의 컨트롤타워인 뇌는 수정 후 각각 3주와 4주가 지나면 형성되기 시작한다. 7주째가 되면 머리와 몸통, 팔다리의 형태가 구별되고 생식기관이 만들어지기 시작한다. 특히 뇌가 급속도로 발달한다. 바로 이 때문에 임신 3주에서 7주까지를 약물에 대한 '절대과민기'라고 한다. 그리고 9주 이후부터는 배아가 아니라 '태아'라고 한다.

〈유미의 세포들〉에서 프라임세포는 곧 정체성을 결정한다. 그러면 생물학적으로 프라임세포는 무엇인가? 다소 억지스럽게 들리겠지만, 우리는 모두 하나의 수정란에서 만들어졌으니 이를 생물학적 프라임세포라 할 수 있지 않을까? 또는 영어 단어 프라임prime에 '주된'과 함께 담겨 있는 '한창의'라는 뜻을 근거로 배아줄기세포를 프라임세포로 볼 수도 있다. 세포 수준에서 보면 가장 젊고 꿈 많은, 말 그대로 한창인 시절에 머물러 있으니 말이다. 영국의 저명한 발생학자 루이스 월퍼트Lewis Wolpert가 남긴 유명한 말이 떠오른다. "우리의 삶에서 진정 중요한 순간은 출생도, 결혼도, 사망도 아닌 바로 낭배형성이다."

만능성과 유전자 스위치

"아직 몰라. 지금이 나쁜 순간인지 좋은 순간인지는 시간이 지나야만 알 수 있는 거잖아." 〈유미의 세포들〉에 나오는 이 대사에 많은 사람, 특히 도전하면서 좌절을 겪고 있는 젊은이가 공감하고 위로를 받았다고 한다. 감성파괴자라는 비난을 받겠지만 내게는 이 말이 낭배기에 진입한 배아의 처지를 대변하는 것으로 들린다. 드라마처럼 의인화해서 생각해보면 솔직히 낭배를 이루는 세포들이 가엽다. 일단 들어서면 돌아설 수도 바꿀 수도 없는 '가지 않은 길' 앞에서 선택의 자유조차 없다. 무작위로 정해진 자리에 따라 운명이 정해질 뿐이다. 그나마 생식세포로 발달하면 다행이다. 다음 세대로 다시 태어날 기회라도 얻을 수 있으니 말이다. 아무튼 이러한 운명 결정 과정을 세포분화cell differentiation라고 한다. 그런데 이는 냉정히 따져보면 각 세포가 본디 갖고 있던 '무엇이든 될 수 있는 능력', 곧 만능성pluripotency을 잃어버리는 과정이다.

분화된 세포에 만능성이 없다고 해서 유전정보 자체를 잃었다는 뜻은 아니다. 인간의 모든 세포는 여전히 2만여 개에 달하는 유전자를 온전히 간직하고 있다. 다만 각자 자기의 처지에 맞게 필요한 유전자만을 발현할 뿐이다. 쉽게 말해서 특정 소수를 제외한 나머지 유전자 대부분의 스위치가 꺼진 상태인 것이다. 그렇다면 꺼진 스위치를 다시 켜서 분화가 끝난 세포를 초기화하면 만능성을 회복시킬 수 있지 않을까?

사실 인체를 이루는 세포 가운데에 하나의 세포만은 만능성을 잃지 않은 채로 있다. 여성에게만 있는 난자가 바로 그 주인공이다. 앞서 설명한 수정과 발생 과정을 되짚어보라. 정자와 난자는 모두 분화가 끝난 세포다. 그런데 이 두 세포가 만나서 수정란을 이루면 세포는 초기화되어 새롭게 분열과 분화를 시작하지 않는가! 난자의 만능성은 이미

60여 년 전에 실험을 통해 증명되었다. 1962년 영국의 생물학자 존 거던John Gurdon은 핵을 제거한 개구리의 난자에 올챙이 체세포에서 분리한 핵을 주입해서 올챙이와 유전적으로 동일한 개구리를 탄생시키는 데 성공했다.[7] 이는 분화된 체세포 핵에 있는 모든 유전자를 활성화하는 물질이 난자에 있음을 명확하게 보여주는 기념비적인 연구 성과였다. 이후로 강산이 세 번 더 바뀌고 난 1996년에 같은 원리를 적용한 방법으로 그 유명한 '복제 양 돌리Dolly the sheep'가 탄생했다.

돌리의 생물학적 엄마는 다 자란 6년생 암컷 양이었다. 영국 에든버러대학교 로슬린연구소의 연구진은 먼저 돌리 생모의 젖샘(유선)에서 세포를 채취했다. 그리고 또 다른 암양에서 채취한 난자의 핵을 제거한 다음, 여기에 젖샘세포에서 분리해낸 핵을 주입했다. 연구진은 수많은 시행착오 끝에 전기충격으로 핵과 난자를 융합하고 적당한 자극을 주어 세포분열을 유도했다. 마침내 얻어낸 배아는 대리모인 세 번째 양에 착상되었다. 실험실에서 자연분만으로 건강하게 태어난 돌리는 1998년에 여섯 마리의 새끼를 낳았다. 하지만 출산 이후 급노화 현상을 보였고 네 살 무렵부터 다리를 절기 시작했다. 원인은 관절염이었다. 2년 뒤에는 기침이 심해졌고, 컴퓨터단층촬영computed tomography, CT 결과 허파에서 암세포가 발견되었다. 연구진은 고통을 덜어주기 위해 돌리를 안락사하기로 결정했고, 2003년 2월 14일 돌리는 여섯 살의 나이로 남달랐던 짧은 생을 마감했다. 다 자란 양의 체세포에서 만들어진 돌리 염색체의 나이가 태어날 때 이미 여섯 살이었다는 사실이 돌리가 단명한 가장 큰 원인으로 지목되었다.

어떤 세포에서 핵을 뽑아내어 이미 핵을 제거한 다른 세포에 옮기는 핵치환nuclear substitution 기술은 돌리가 세상을 떠난 후에도 계속 발전해서 돼지와 고양이, 단봉낙타 등 여러 종의 동물이 복제되었다. 특히 멸종위기에 처한 인도들소 가우르gaur를 복제해 멸종위기종의 개체수를 늘리고 멸종한 동물을 복원할 수 있다는 가능성을 열었다. 이론적으로는 멸종 전에 해당 동물의 세포를 채취해서 냉동 보관하고 있다가, 멸종위기가 심각해지면 그 세포를 이용해 복제할 수 있기 때문이다. 이윽고 2019년, 중국의 동물복제 전문회사 시노진바이오테크놀로지Sinogene Biotechnology가 반려동물복제 서비스를 시작하면서 동물복제 산업의 서막을 올렸다. 그런데 이 기술로 다시 태어난 동물은 키우던 반려동물의 체세포에 있던 유전정보만 갖고 있다는 점에 주의해야 한다. 바꿔 말하면 난자를 제공한 동물과 대리모 동물의 희생이 있다는 얘기다. 나아가 이 기술이 결국 인간에게도 적용될 때 발생할 윤리 문제에도 대비해야 한다.

시간을 되돌리는 세포

핵치환 방법으로 포유동물의 복제가 연이어 성공하면서 인간복제 연구가 뜨거운 감자로 떠올랐다. 이 쟁점의 중심에 있는 줄기세포stem cell 는 스스로 재생해 분화하는 능력을 갖춘 세포를 아울러 일컫는다. 줄기세포는 배아 발달과 세포분화를 비롯해서 생명현상의 근본원리를 엿볼 수 있는 창이자, 새로운 세포 기반 치료법을 개발하는 데 중요한 디딤돌이 된다.

현재 통용되는 의미의 '줄기세포'라는 용어는 1909년 러시아의 세포학자 알렉산더 막시모프Alexander Maksimov가 처음 제안한 것으로 알려져 있다. 그러나 줄기세포라는 용어 자체는 그보다 10년 앞선 연구논문에도 등장하는데, 여기서는 백혈구와 적혈구를 생성하는 세포를 지칭했다.[8] 그러한 줄기세포의 존재는 실험적 한계 때문에 논란의 대상이 되다가 1960년대에 와서야 모든 종류의 혈액세포를 생성하는 조혈모세포hematopoietic stem cell, HSC의 존재를 확인하면서 입증되었다.

줄기세포는 크게 두 가지로 나눌 수 있다. 배아줄기세포는 모든 유형의 세포로 분화하는 능력을 갖추고 있다. 반면 조혈모세포나 피부줄기세포처럼 신체 각 조직에 극히 소량만 있는 성체줄기세포adult stem cell는 해당 조직세포로만 분화한다. 성체줄기세포는 조직의 항상성을 유지하거나 손상된 조직을 재생시켜 상처를 아물게 하는 등 개체의 정상 기능 유지를 돕는다. 성체줄기세포가 활동하고 있다는 증거는 일상에서도 흔히 볼 수 있는데, 그 가운데 하나가 각질이다. 각질형성세포는 표피의 맨 아래쪽에 있는 줄기세포에서 만들어지며, 보통 2주에 걸쳐 증식하고 분화하면서 표피의 맨 바깥쪽인 각질층으로 이동한다. 그리고 다시 2주 정도가 지나면 피부 표면에서 떨어져 나간다. 이게 흔히 말하는 각질의 정체이며, 결국 각질은 새 피부가 꾸준히 생겨난다는 생생한 증거다. 그러니 지저분하다고 눈살을 찌푸리지만 말고 생물학적 의미를 떠올리며 '새 피부가 잘 만들어지고 있구나'라고 긍정적으로 생각하자.

줄기세포의 복제 능력은 1960년대 초반에 알려졌다. 당시 캐나다 토론토대학교의 한 연구진이 방사능을 쪼인 실험용 쥐에게 골수세포를 주사하는 실험을 하고 있었다. 연구진은 쥐의 비장에 생기는 세포덩이 수가 주사한 골수세포 수에 비례한다는 사실을 발견했다. 이를 토대로 각 세포덩이가 하나의 골수세포에서 만들어졌다고 가정했고, 얼마 지나지 않아 그 가설이 옳음을 입증했다.[9]

1998년 미국의 생물학자 제임스 톰슨James Thomson은 인간 배아를 배양하는 과정에서 줄기세포를 분리하는 데 성공했다.[10] 이 기술은 인체에 대한 기초 연구는 물론이고, 신약 개발과 검사 그리고 조직과 장기 이식 등에 활용될 잠재력이 워낙 커서 큰 기대를 모았다. 하지만 배아줄기세포를 분리하는 과정에서 인간 배아를 파괴해야 하기 때문에 윤리적으로 문제가 되었으며 엄청난 논란을 불러일으켰다. 실제로 톰슨은 노벨상 후보로 거론되기는 했지만, 생명의 존엄성과 관련된 윤리적 문제 때문에 번번이 탈락하고 말았다.

현재는 영화에 나오는 복제인간을 만드는 게 아니라 핵치환된 난자를 포배기까지 배양해서 배아줄기세포를 생산하려고 시도하고 있다. 그러나 인간의 난자를 대상으로 한 핵치환 실험은 녹록하지 않아서 실패를 거듭했다. 난자 핵을 빼내는 과정에서 만능성에 필수적인 일부 물질이 핵과 함께 제거되는 것이 실패의 원인으로 보였다.

그러던 중 2005년, 당시 서울대학교에 몸담고 있던 황우석 교수가 '젓가락 기술'로 이런 기술적 난제를 극복했다는 논문을 발표해서 전 세계의 이목을 끌었다. 유감스럽게도 연구가 조작된 것으로 밝혀져 해당 논문은 철회되었다. 이후 2010년대 초반에 미국 연구진이 핵치환 방법으로 배아줄기세포를 생산하는 데 성공했지만 크게 주목을 받지는 못했다. 난자를 채취하는 것뿐 아니라, 자궁에 이식하면 어엿한 인간으로 발달할 수 있는 포배기 배아를 파괴해야 하는 윤리 문제가 여전히 큰 걸림돌이었다.

한편 계속 실패해왔던 핵치환 연구의 관심사는 이미 분화된 세포에 다시 만능성을 부여하는 물질 탐색으로 옮겨갔다. 하지만 대부분 실험용으로 쓰기에는 포유동물 난자의 크기가 매우 작고 구하기도 어려웠다. 그런데 2005년 미국 하버드대학교 연구진이 배아줄기세포에도 난자처럼 세포 시계를 되돌리는 능력이 있음을 발견했다. 배아줄기세포에 접합시킨 피부세포의 핵이 초기화되는 것을 실험적으로 확인한 것이다.[11] 이 연구 결과를 계기로 많은 연구자가 난자 대신 배아줄기세포에서 역분화물질을 찾기 시작했다.

2006년에는 일본 교토대학교의 야마나카 신야山中伸彌 교수와 그 연구진이 생쥐의 피부세포에 조절유전자를 주입해서 배아줄기세포와 같은 분화 능력을 갖추게 하는 데 성공했다.[12] 먼저 연구진은 공공데이터베이스에 공개된 정보를 대상으로, 배아줄기세포에서만 특이적으로 발현되는 유전자 가운데 총 24개를 후보군으로 선별했다. 그런 다음 각 유전자를 하나씩 실험 쥐의 피부세포에 주입했다. 하지만 기대와는 달리 시간을 되돌린 세포는 없었다. 여러 개의 유전자가 복합적으로 작용할 수 있다는 생각에 이번에는 24개를 한 번에 주입했고 예상은 적중했다. 이어서 유전자 1개만 빼고 나머지 23개를 주입하는 일련의 실험을 수행한 끝에, 마침내 시간을 되돌리는 유전자 4개를 발굴하는 데 성공했다. 더욱이 이 유전자들은 피부세포뿐 아니라 신경세포와 근육세포를 비롯한 다른 세포들도 역분화시키는 것으로 밝혀졌다. 연구를 이끈 야마나카 교수는 이렇게 만들어지는 세포를 유도만능줄기세포induced pluripotent stem cell, iPSC라고 명명했다. 이 공로를 인정받아 그는 이 분야의 선구자인 영국의 거던과 함께 2012년 노벨 생리의학상을 공동 수상했다.

iPSC를 이용하면 배아줄기세포를 사용하면서 제기되는 생명윤리 문제를 피할 수 있고, 환자 맞춤형 줄기세포 치료제 개발에 큰 도움이 될 것으로 기대하고 있다. 2017년에는 일본에서 처음으로 유도만능줄기세포를 이용해 황반변성 환자를 치료했다. 황반변성이란 눈 안쪽 망막 중심부에 있는 황반부에 변성이 일어나 시력장애가 생기는 질환이다. 노화, 유전적인 요인, 독성, 염증 등으로 황반의 기능이 떨어지면서 시력이 나빠지고, 심할 경우 시력을 완전히 잃기도 한다. 2020년에는 재미 한인 과학자인 하버드대학교의 김광수 교수가 유도만능줄기세포로 파킨슨병 환자의 피부세포를 만든 다음 신경세포로 분화시켜 뇌에 이식하는 치료에 성공하기도 했다. 하지만 아직 넘어야 할 산이 많다. 대표적으로 유도만능줄기세포를 주입한 실험 쥐에서 종종 암이 발생한다는 문제가 있다.

일각에서는 줄기세포 치료에 대해서 장밋빛 가능성을 지나치게 부풀리고 있다는 비판 섞인 목소리와 함께, 줄기세포를 이용한 임상 치료가 구체적으로 언제쯤 상용될 수 있겠냐고 의심에 찬 질문을 제기한다. 일리 있고 수긍이 가는 지적이다. 하지만 앞으로도 상당한 시간이 걸릴 거라는, 상투적이다 못해 하나 마나 한 답변밖에 떠오르지 않는다. 솔직히 말해서 나 역시 그 답이 무척 궁금하다. 그러던 중 때마침 '파킨슨병, 줄기세포 치료 길 열렸다'라는 제목의 뉴스를 접했다.[13]

보도에 따르면, 한국 연구진이 기증받은 태아의 뇌에서 도파민 줄기세포를 분리해 파킨슨병 환자의 뇌에 이식했고, 임상시험에 참여한 총 15명의 파킨슨병 점수가 40퍼센트 좋아졌다고 한다. 파킨슨병은 도파민을 분비하는 세포가 파괴되면서 생기는 퇴행성 뇌질환이다. 이번 줄기세포 치료를 담당했던 한국 분당차병원의 신경외과 전문의는 해당 언론 인터뷰에서 이렇게 말했다. "이식된 세포는 도파민을 분비하는 세포로 바뀌게 됩니다. 파킨슨 환자에게 부족한 도파민을 보충해주죠. 그래서 기능이 향상되는 것으로 생각하고 있습니다." 반가운 소식에 파킨슨병 줄기세포 치료에 관한 자초지종이 더욱 궁금해진 나는 줄기세포 연구를 하는 절친한 가톨릭관동대학교 의생명과학과 김한수 교수에게 자문했다. 그가 해준 다음과 같은 설명으로 이 장을 마무리하고자 한다.

"줄기세포가 치료제로 가능성이 있다는 것은 이미 1960년대부터 수많은 연구를 통해서 알려져 왔습니다. 대표적으로 골수 기능에 이상이 생겨 건강한 혈액세포를 제대로 만들지 못하는 환자에게 골수 또는 조혈모 세포를 이식하면 골수 기능을 되살려 치료할 수 있음을 확인했어요.

파킨슨병 줄기세포 치료 역시 1990년대 초반에 스웨덴과 미국 공동 연구진이 시도했습니다. 사산아 또는 태아 뇌에서 얻은 줄기세포를 파킨슨병 환자에게 이식해서 어느 정도 효과를 봤지요. 다만 뚜렷한 치료 효과가 나타난 경우는 소수에 그쳤어요. 그 원인으로 치료에 쓰였던 줄기세포가 모두 기능이 같은 세포의 집합체가 아니라, 서로 다른 뇌에서 유래한 세포를 혼합된 것이기 때문에 일부 정제되지 않은 세포들이 섞였을 가능성이 거론되었습니다. 이러한 초기 시도로부터 수십 년 후 그 치료 효과를 확인해주는 결과가 나왔습니다. 확실한 회복 증상을 보였던 환자가 자연사하고 나서 기증한 뇌 조직에 이식받은 세포가 생존하고 있음을 조직 염색으로 확인한 것이었죠.

보통 임상에서 말하는 줄기세포 치료란, 줄기세포를 인공배양해서 원하는 세포로 분화시킨 다음에 이식하는 겁니다. 인공적으로는 체내 환경을 그대로 재현할 수 없기 때문에, 인공배양된 줄기세포는 비슷하기는 하지만 완벽한 기능을 하기에는 부족한 수준이라는 점이 문제입니다. 파킨슨병을 대상으로 이야기하자면, 도파민을 분비하는 신경세포로 줄기세포를 먼저 분화시켜야 하지요. 그다음 과제는 이 세포를 환자 뇌에 이식했을 때 기존의 뇌세포들과 성공적으로 연결되고 이상한 조직으로 발달하지 않는지 등 안전한 상태를 확인하는 겁니다. 치료 효과 여부는 안전성이 담보된 이후 문제인 거죠. 그 이후에는 비행기로 하늘을 날고 우주선으로 우주를 개척하는 것처럼 꿈을 현실로 만들어왔듯이 인류는 줄기세포 치료도 상용화될 것으로 기대합니다.”

마법에서 과학으로,
미생물 원인설

중세 영국 사람들은 해마다 겨울이면 떼를 지어 나타나는 거위 비스름한 새를 보고 이상하게 생각했다고 한다. 주변을 아무리 둘러봐도 이 새 떼의 둥지가 없었기 때문이다. 어느 날 갑자기 눈앞에 나타나곤 하는 이 많은 새는 도대체 어디서 왔을까? 공교롭게도 근처 해변에 널려 있는 따개비barnacle의 색깔과 이 새의 깃털 색이 아주 비슷했다. 그래서 당시 사람들은 이 새들이 따개비에서 느닷없이 생겨났다고 믿었다. 황당한 이야기로 들릴 수 있다. 하지만 봄에 북극으로 이동해 둥지를 트는 철새 흰뺨기러기와 따개비 일종인 민조개삿갓의 영문명인 barnacle goose와 goose barnacle이 그러한 믿음의 확실한 증거가 된다.

사실 그 당시에 따개비가 새로 변신한다고 생각하는 정도는 양반이었다. 19세기 후반까지도 보통 사람들은 말할 것도 없고 많은 학자가 자연발생설을 철석같이 믿었으니 말이다. 자연발생설이란 생명력vital

| 그림 1-6 | **흰뺨기러기(왼쪽)와 민조개삿갓(오른쪽)**

force이라는 신비한 힘에 의해 살아 있는 생명체가 저절로 만들어진다는 주장이다. 쌓아둔 퇴비에서 파리가 나온다든가, 썩어가는 동물 사체에서 꾸물대는 구더기가 나오는 등의 현상이 이런 발상의 근거였다. 오늘날 우리에게는 터무니없지만, 옛날 사람들은 자연발생설을 아주 진지하게 믿었다. 그 정도를 가늠할 수 있는 일화를 하나 소개한다.

저절로 쥐가 생긴다고 믿은 시대

얀 밥티스타 헬몬트Jan Baptista Helmont는 17세기에 명성을 날린 벨기에 태생의 화학자 겸 의사다. 그는 공기가 여러 가지 성분의 기체임을 최초로 밝혀낸 인물 가운데 한 명이었고, 혼돈을 뜻하는 그리스어 chaos를 차용해 가스gas라는 용어를 처음으로 사용했다. 또한 그는 나무가 탈 때 나오는 연기에 이산화탄소가 들어 있음을 처음으로 알아냈으며, 이 가스를 '숲의 카오스'라고 불렀다. 자연에 대한 지식은 실험을 통해 가장 잘 습득할 수 있다고 믿었던 그는 '헬몬트의 실험Helmont's experiment(버드나무 실험)'을 수행했다. 약 90킬로그램의 흙이 담긴 화분에 2킬로그램짜리 버드나무를 심고 5년 동안 물만 주었다. 5년 후에 나무의 무게를 재어보니 약 77킬로그램이었다. 매년 가을 이 나무에서 떨어진 낙엽까지 고려한다면 나무는 엄청나게 자란 것이다. 그런데 화분에 있던 흙은 5년 전보다 50그램 정도만 가벼워졌을 뿐이었다.

약간 줄어든 흙의 무게를 실험의 오차라고 생각한 헬몬트는 이 실험 결과를 나무가 물만 먹고 자란다는 증거로 해석했다. 물론 그는 식물이 빛에너지와 공기 중의 이산화탄소를 이용한다는 사실은 말할 것도 없고, 흙이 식물 성장에 필요한 미네랄을 제공한다는 사실도 전혀 알지 못했다. 하지만 이러한 실험 결과를 토대로 광합성photosynthesis이라는 복잡한 퍼즐의 한 조각을 발견했다. 광합성이라는 퍼즐의 모든 조각이 맞추어지기까지는 이후로도 300여 년이 더 걸렸다.

그런데 이런 과학의 선구자적 인물이 어처구니없는 실수를 하고 말았다. 헬몬트는 밀알 한 줌을 항아리에 넣은 다음 더러운 헌 옷으로 덮어 놓고 3주 정도 기다리면 쥐가 나온다고 주장했다. 그것도 새끼가 아니라 다 자란 암수가 생겨난다고 덧붙이기까지 했다. 이렇게 실험을 중시한 선각자도 자연발생설을 굳게 믿는 시대였다.

자연발생설을 의심한 선구자들

17세기에 과학혁명이 진행되면서 자연발생설을 의심하는 사람이 늘어났다. 공식적으로 처음 문제를 제기한 사람은 이탈리아의 의사 프란체스코 레디Francesco Redi였다. 1668년 레디는 2개의 단지에 고기를 담은 다음, 하나는 뚜껑을 덮지 않았고 다른 하나는 밀봉했다. 두 단지에 들어 있던 고기는 모두 썩었지만, 구더기는 뚜껑이 없는 단지에서만 나왔다. 이 결과를 보고 자연발생설을 믿는 사람들은 뚜껑을 닫은 단지에는 신선한 공기가 들어가지 못해서 구더기가 생기지 않았다고 주장했다. 그러자 레디는 공기가 통할 수 있게 거즈로 단지를 덮었다. 이번에도 구더기는 나오지 않았다. 지극히 당연한 결과였다. 파리가 들어가지 못해 알을 낳지 못했는데, 파리의 애벌레인 구더기가 나올 리 없지 않은가!

　레디의 실험 결과는 생명체가 저절로 생겨난다는 오랜 신념에 심각한 타격을 주었다. 그러나 여전히 많은 사람이 미생물처럼 단순한 생명체는 저절로 생겨나는 것이라고 확신했다. 대표적으로 1745년 존 니덤John Needham이라는 영국의 박물학자는 고깃국을 끓인 뒤 그릇에 담아 뚜껑을 덮어두었다. 며칠 뒤 상한 국물에 미생물이 있는 것을 관찰한 그는 이를 자연발생설의 증거로 제시했다. 이탈리아의 박물학자 라차로 스팔란차니Lazzaro Spallanzani는 니덤이 국물을 끓인 다음에 공기를 통해 미생물이 들어갔을 거라고 지적했다. 스팔란차니는 고깃국이 든 그릇을 밀봉하고 끓이면 미생물이 생기지 않는다는 것을 보여주었다. 이에 대해 니덤은 가열 과정에서 생명력이 파괴되는데, 밀봉하면 공기에서 생명력이 보충되지 않아 자연발생이 일어나지 않았을 뿐이라고 반박했다. 때마침 프랑스의 화학자 앙투안 라부아지에Antoine Lavoisier가 공기에 있는 '산소'라는 기체가 생물의 생명 유지에 꼭 필요하다는 사실을 강조하면서 이 보이지 않는 생명력은 더욱 신빙성을 얻게 되었다.

| 그림 1-7 | **파스퇴르의 백조목 플라스크**

　어느덧 한 세기가 지나고 드디어 그 유명한 프랑스의 파스퇴르가 나섰다. 그가 보기에 자연발생설은 분명 잘못된 것이었다. 이를 반박할 실험 방법을 골몰히 구상해보니, 공기는 자유롭게 들어가고 공기에 포함된 미생물은 차단하는 게 관건이었다. 어떻게 해야 할지 고민한 끝에 파스퇴르는 기발한 아이디어를 떠올렸다. 목이 기다란 플라스크에 고깃국을 담고, 플라스크 목에 열을 가해서 S자 모양으로 구부렸다. 그러고 나서 그 플라스크를 불에 올려 고깃국을 펄펄 끓인 다음 불을 끄고 그냥 놔두었다. 입구가 열려 있으니 공기는 자연스럽게 플라스크 안으로 들어간다. 물론 그 속에 있는 미생물도 함께 들어가지만, 플라스크 안쪽까지 퍼지는 공기와는 달리 미생물은 구부러진 플라스크 목의 아랫부분에서 멈춘다. 중력을 거슬러 올라갈 수 없기 때문이다. 따

라서 이 상태에서는 아무리 시간이 지나도 고깃국이 절대로 썩지 않는다. 파스퇴르는 간단하지만 기발한 기구인 '백조목 플라스크swanneck flask'로 마침내 자연발생설을 완전히 타파했다. 1861년의 일이었다.

미생물학의 아버지, 공기에 가려진 진짜 원인을 발견하다

또 다른 예도 있다. 많은 위대한 발견이 사소하고 우연한 사건으로 시작되었듯이, 1856년 어느 날 파스퇴르를 찾아온 양조업자가 미생물과 감염병 사이의 관계를 규명하는 획기적 발견의 도화선이 되었다. 사탕무로 술을 만들어 팔던 그는 빚은 술이 종종 쉬어서 팔지 못하게 된다는 걱정을 토로하며 도와달라고 청했다. 파스퇴르는 온전한 술에는 동그란 입자가 가득하지만 변질된 술에는 막대 모양의 입자가 많이 섞여 있는 상태를 현미경으로 관찰했다. 이미 발효가 생물학적 반응이라고 의심하고 있던 파스퇴르는 이 관찰을 계기로 발효 연구에 더욱 빠져들었다. 그의 아내가 강박증 수준이라고 말할 정도로 파스퇴르는 연구에 몰두했고, 1857년 산소가 없는 상태에서 효모(이스트yeast)가 당분을 알코올로 발효시킨다는 논문을 발표하면서 효모의 참모습을 세상에 알렸다.

1860년에는 와인이 변질되는 것이 프랑스 국가 차원의 문제가 되었다. 그해 1월 15일, 나폴레옹 3세Napoleon III는 영국과 10년 기한의 자유무역협정을 체결했다고 공표했다. 그 덕분에 영국으로 수출하는 와인의 양이 늘어났다. 그런데 문제가 생겼다. 영국으로 가는 동안 와인 상당수가 상해 맛이 변해버린 것이다. 나폴레옹 3세는 파스퇴르에게 그 원인을 찾아 문제를 해결하라고 명했다. 파스퇴르는 몇 해 전 사탕무로 만든 술에서 보았던 막대 모양의 미생물을 떠올렸다. 그는 특정 미생물 때문에 와인 맛이 변하는 것이라고 확신했다. 마침내 1864년에 문제의 미생물이 아세트산균acetic acid bacteria임을 밝혀냈다. 자연환경 곳곳에 있는 이 세균은 산소를 이용해 알코올을 아세트산으로 변화시킨다. 초산이라고도 부르는 아세트산은 식초의 신맛을 내는 주인공으로 보통 식초에 3~5퍼센트 정도 들어 있다.

이제 와인을 변질시키는 주범을 찾아냈으니, 문제는 의외로 간단하게 해결할 수 있다. 푹 끓이기. 하지만 상상해보라, 음주 운전 걱정을 날려버린 무알코올 와인의 맛을! 원치 않는 미생물을 없애려고 무턱대고 열을 가하면 빈대 잡겠다고 초가삼간을 태우는 격이 될 것이다. 따라서 문제 해결의 열쇠는 와인의 풍미를 유지하면서 문제의 미생물을 죽일 수 있는 조건이었다. 파스퇴르는 그 조건을 알아냈다. 와인을 섭씨 60도 정도까지 30분가량 두어 번 넘게 가열해서 그 온도를 유지하는 것이다. 파스퇴르법pasteurization 또는 저온살균법이라고 부르는 이 방법은 발효주와 우유, 주스 등에서 해롭거나 원치 않는 미생물을 제거하기 위해 지금도 널리 사용된다. 이로써 파스퇴르는 황제가 내린 임무를 완수함과 동시에 프랑스 와인의 수출길을 밝혔다. 나폴레옹 3세는 그의 공로를 치하하고 연구를 전폭적으로 지원하겠다고 약속했다.

생물학 패러다임의 변화가 일어나다

효모가 와인을 만들고 아세트산균이 이를 변질시킨다는 사실이 알려지자, 그때까지 저절로 일어난다고 생각했던 주변의 여러 변화에 미생물이 관여하는 것으로 생각하는 사람이 늘어갔다. 일부 학자들은 감염병도 같은 맥락으로 간주해서 미생물이 병을 일으킨다는 '미생물 원인설germ theory(세균 유래설)'을 제안했다.

세균은 심해 분화구에서 동물 소화관에 이르기까지 지구에 있는 생물 가운데 가장 널리 퍼져 있다. 하지만 세포 하나가 곧 개체일 정도로 너무 작아 맨눈으로 볼 수 없다. 그리고 2000여 년 동안 질병은 개인이 저지른 죄악과 악행의 대가로 받는 천벌이라고 여겨졌다. 그렇기 때문에 당시 대부분의 사람은 미생물 원인설을 쉽게 받아들일 수가 없었다. 당시까지만 해도 한 마을에 감염병이 돌면 시궁창에서 악취의 형태로 나온 악마의 소행이라고 굳게 믿었다. 그래도 과학의 선각자들은 무지한 고정관념을 깨뜨릴 지식의 힘을 묵묵히 기르고 있었다.

이러한 시대적 분위기에서 정립된 세포설은 생명체라는 숲속으로 인류가 발을 내딛는 중요한 계기가 되었으며, 생명현상도 물리와 화학의 방법론으로 탐구할 수 있는 길을 열었다. 19세기의 획기적인 연구 성과들, 이를테면 다윈 진화론과 멘델 유전법칙, 파스퇴르의 자연발생설 반박 실험 등이 속속 발표되면서 생물학은 비로소 학문적 토대를 굳건히 하고 21세기 바이오 시대를 향한 발걸음을 재촉했다.

지구상 모든 존재를 살리는
숨쉬기의 과학

호흡

산소가 없으면 대부분의 동식물은 숨 쉴 수 없다.

하지만 이러한 암울한 상황에서도 숨 쉴 수 있는 생물이 있다.

그리고 우리는 그 생물의 미세한 숨에 기대어 새로운 가능성을 살피고 있다.

가끔 답답할 때 크게 심호흡을 한번 하고 나면 가슴속이 시원해지고 후련해지는 느낌은 누구나 느껴봤을 것이다. 보통 심호흡을 하고 나면 숨 쉬고 있음을 깨닫고 의도적으로 숨을 고르곤 한다. 하지만 굳이 그럴 필요 없다. 우리는 보통 숨쉬기를 자각하지 않는다. 늑골과 늑골을 서로 연결하는 늑간근의 움직임을 의식적으로 조절하면서 어느 정도 숨을 참을 수 있고, 일부러 빠르게 숨을 쉴수도 있다. 하지만 호흡량은 기본적으로 우리의 의지가 아니라 혈액에녹아 있는 이산화탄소의 농도 변화를 감지해 숨뇌에 있는 호흡 중추가자율적으로 조절한다.

그런데 왜 숨을 쉬어야 하는가? 당연히 살기 위해서다. 그러면 왜 살려고 하는가? 명예와 권력, 부 따위를 얻기 위해서인가? 아니면 좀 더고상하게 나의 꿈과 사랑을 이루기 위해서인가? 생각할수록 온갖 상념에 더욱 깊이 빠져든다. 과학적 호기심에서 시작된 물음이 철학적 성찰로 확장된다. 기왕 말이 나온 김에 옛 시인의 노래 하나를 소개한다.

나는 존재하나 내가 누군지 모른다
나는 왔지만 어디서 왔는지 모른다

나는 가지만 어디로 가는지 모른다

내가 이렇게 유쾌하게 산다는 게 놀랍기만 하다

17세기 신비주의 철학자이자 종교 시인이었던 안겔루스 질레지우
스Angelus Silesius의 이 읊조림에서 '생명 또는 인간이란 무엇인가?'라는
생물학의 중요한 물음에 대답하기 위해 고민하는 모습이 보인다. 예로
부터 숨은 곧 삶(생명)으로 여겨져 왔다. '숨이 붙어 있다' '숨을 거두다'
같은 우리말 표현을 보라. 영어도 마찬가지다. '숨 쉬다'를 뜻하는 영어
동사 respire 말고도 -spire가 들어가는 단어를 찾아보면 inspire(영
감을 주다), expire(끝나다), perspire(땀 흘리다), spirit(영혼, 정신) 등 생
명 활동과 관련된 것들이 즐비하다.

이처럼 동서고금을 막론하고 호흡의 중요성은 확실하게 인식하고
있었지만, 정작 그 이유에 대해서는 거의 알지 못했다. 호흡을 통해 몸
을 식힌다는 주장 정도가 그럴듯해 보였지만, 이 역시 터무니없는 비
과학적 발상에 지나지 않았다. 18세기 말에 와서야 '왜 숨을 쉬어야 하
는가?'라는 질문에 과학이 답하기 시작했다. 그 답의 실마리는 '공기란
무엇인가?'라는 또 다른 질문의 답을 찾는 과정에서 나왔다.

연금술, 뜻밖의 쓸모

연금술은 고대 이집트에서 시작되어 중세 유럽에 이르기까지 수천

년 동안 전해진 원시적 화학 기술이라 할 수 있다. 아리스토텔레스 Aristoteles의 4원소 변환설을 바탕으로 구리나 납, 주석 따위의 비금속으로 금과 은 같은 귀금속을 만들고자 시도한 기술이다. 아리스토텔레스 이전의 철학자 엠페도클레스E.mpedocles는 만물의 기본 물질이 물, 불, 흙, 공기라는 4원소설을 주장했다. 아리스토텔레스가 이를 바탕으로 각각의 원소에 따뜻함, 건조함, 습함, 차가움 등의 성질을 더하거나 빼면 다른 것으로 바꿀 수 있다고 말한 것이 바로 4원소 변환설이다.

연금술은 귀금속뿐 아니라 늙지 않는 영약을 제조할 수 있다고 주장하는 유사과학pseudo-science에 불과했지만, 근대 화학이 성립하기 이전까지 옛사람들의 지대한 관심을 끌었다. 17세기 과학혁명의 선구자 가운데 한 명인 프랜시스 베이컨Francis Bacon은《이솝 우화Aesop's fable》에 빗대어 연금술에 나름대로 순기능이 있었다고 절묘하게 평가하기도 했다. 베이컨은 연금술을 자기 포도밭에 금을 묻어두었다는 유언을 남긴 우화 속 아버지에 비유했다.

우화 속 아들들은 아버지의 유언을 듣고 금을 찾기 위해 열심히 포도밭을 파헤쳤다. 그러나 금덩이는 끝내 찾을 수 없었다. 그 대신 그해 포도 농사는 대풍년이었다. 의도치 않게 밭을 일군 덕분이었다. 연금술과 과학의 관계도 이와 닮아 있다. 비록 연금술이 허황하고 비과학적인 목표를 이루기 위한 노력이기는 했지만, 결과적으로는 다양한 물질을 연구하고 다루는 계기가 되었다. 또한 연금술사들은 플라스크와 증류기를 비롯한 다양한 실험 도구를 발명하고 개량해나갔다. 이와 더불어 물질을 다루는 실험 기술도 좋아지면서 증발과 증류, 침전 등 화학

| 그림 2-1 | **보일과 훅의 진공펌프 복원품**

실험의 기초 기술이 개발되었다.

17세기 중반을 지나면서 연금술의 그림자에서 벗어난 선구자들이 목소리를 높이기 시작했다. 대표적으로 영국의 로버트 보일Robert Boyle은 유명한 연금술사이자 의화학의 시조라 불리던 파라켈수스Paracelsus와 아리스토텔레스를 비롯한 거물들을 비판하며 근대 과학으로 향하는 길을 다졌다. 실험을 강조하던 보일은 1657년에 독일 학자가 진공펌프를 개발했다는 소식을 접하자마자 진공펌프 개량 작업을 시작했다. 유능한 연구 보조원 로버트 훅의 도움을 받아 제작한 진공펌프는 밖에서 안을 들여다볼 수 있도록 유리로 만든 용기와, 내부의 공기를 빨아내는 펌프로 이루어져 있다. 3리터 남짓한 크기의 유리 용기는 실험 대상을 위에서 안으로 넣을 수 있게 디자인했다.

당시로서는 첨단 기기였던 진공펌프를 이용해 진공상태를 증명하는 과정에서, 보일은 온도가 일정할 때 기체의 압력과 부피는 반비례한다는 유명한 '보일의 법칙Boyle's law'을 정립했다. 특히 보일은 진공상태에서는 동물이 죽고 촛불도 꺼진다는 점에 착안해서, 호흡과 연소가 일어나려면 공기가 있어야 하므로 두 과정이 기본적으로 같은 반응일 것으로 생각했다.

1770년대 초반에 이르자 공기가 성질이 다른 기체들의 혼합물임이 밝혀졌다. 이즈음 영국의 조지프 프리스틀리Joseph Priestley는 특정 공기 성분이 풍부해야 생물이 잘 산다는 사실을 밝혀내고, 그것을 '탈플로지스톤 공기dephlogisticated air'라고 불렀다. 플로지스톤phlogiston은 17세기 독일의 화학자 요한 베허Johann Becher가 창안한 용어로, 물질이 탈 때 그 물질에서 빠져나오는 원소를 가리키는 말이었다. 완전히 틀린 주장을 바탕으로 만든 용어였지만 18세기 중반까지 많은 과학자가 이 주장에 관심을 기울였다. 프리스틀리도 이를 신봉했으며, 그는 공기 중에 플로지스톤이 적을수록 연소와 호흡에 더 좋다고 생각했다. 그래서 새로 발견한 기체(지금의 산소oxygen)에 탈플로지스톤 공기라는 이름을 붙인 것이었다. 이 잘못된 믿음 때문에 프리스틀리는 자신이 발견한 사실의 중요성을 알아차리지 못했고, 결국 그 공로를 프랑스 화학자에게 고스란히 양보하고 말았다.

프리스틀리는 맥주가 발효되는 과정에서 나오는 기체를 물에 녹이면 기분이 상쾌해지는 음료가 된다는 사실도 알게 되었다. 이산화탄소가 물에 녹아 탄산(H_2CO_3)이 되는 현상을 발견한 것으로, 세계 최초로 인공 탄산수 제조법을 발견한 셈이다. 이 탄산수의 상업적 가능성을 내다본 독일의 시계제작자 요한 슈베페Johann Schweppe는 1783년에 제네바에 첫 탄산수 공장을 세웠고, 훗날 그의 성 Schweppe는 탄산수의 대명사가 되었다.

1770년대 후반에 프랑스 화학자 라부아지에는 연소가 탈플로지스톤 공기와 해당 물질 사이에 일어나는 반응이라는 사실을 알아냈다. 그러고는 이 성분을 '산소'라고 명명했다. 라부아지에는 여기서 그치지 않고 연소하면서 나오는 열과 동물이 발생시키는 열에 주목하고, 각 과정에서 소비되는 산소의 양을 비교하기도 했다. 이윽고 그는 '호흡은 연소의 일종'이라는 결론을 내렸다. 실험 결과를 토대로 한 이 주장은 화학에는 물론이고 생물학에도 큰 변화를 일으켰다.

우리 몸에서 연소가 일어나고 있다면 도대체 어디서 어떻게 이루어지는 걸까? 라부아지에는 허파를 가장 유력한 장소로 의심했다. 19세기에 들어서자 연소 과정이 드러나기 시작했다. 허파를 통해 산소가 혈액으로 들어와 적혈구의 주성분인 헤모글로빈과 결합해서 동맥을 타고 온몸으로 전달된다는 사실이 밝혀진 것이다. 각 조직에다 산소를 내려놓은 혈액은 이산화탄소를 싣고 허파로 돌아와 이를 방출한다. 그러면 이제 또 다른 질문이 꼬리를 문다. 왜 그렇게 열심히 산소를 온몸으로 운반해야 하는가?

호흡, 산소를 이용해 에너지를 만들어라

숨쉬기는 한자로 '呼吸(내쉴 호, 숨 들이쉴 흡)'이라고 쓴다. 생물학적으로는 산소가 풍부한 바깥 공기를 코와 입으로 들이마셔 기도를 통해 허파로 보내고, 이산화탄소가 많은 몸속 공기를 몸 바깥으로 이동시키는 기체교환 과정을 말한다. 허파꽈리(폐포)에 이산화탄소를 내려놓고 산소를 실은 혈액은 심장이라는 강력한 펌프를 통해 온몸으로 퍼져나가 산소를 공급한다.

그러면 각 세포에 도달한 산소는 무슨 역할을 할까? '영양소에서 에너지를 얻게 함'이 그 답이다. 세포에서 이루어지는 이러한 에너지 획득 방법을 세포호흡cellular respiration이라고 한다. 세포는 소화계가 음식을 분해하고 흡수해서 사용하기 편한 형태로 전달해준 영양소에서 에너지를 뽑아내는 데 산소를 이용한다. 도대체 어떻게 이용할까? 사실 우리가 흔히 듣는 '칼로리를 태워라'라는 다이어트 구호에 그 해답이 담겨 있다.

"불꽃처럼 타오르는 생명이여!" 이 말은 단순한 은유가 아니라 과학적 사실이다. 숨을 쉬지 못하는 사람에게 인공호흡을 하는 것이나 부채질을 해서 불을 피우는 경우를 생각해보라. 모두 꺼져가는 생명과 불씨를 살리려는 노력 아닌가! 여기서 핵심은 바로 산소 공급이다.《표준국어대사전》에서는 연소를 '물질이 산소와 화합할 때 많은 빛과 열을 내는 현상'이라고 정의하고 있다. 이를 과학용어로 바꾸면 '물질이 산화oxidation(산소와 결합)하면서 에너지(빛과 열)를 내는 현상'이다. 우리도 매일 음식물에서 얻은 영양소를 세포에서 태우고 있다. 체온이 바로 그 증거다.

어떤 물질이 산소원자(O)와 결합하거나 수소원자(H)를 잃어버리는 것을 '산화'라고 한다. 연소와 호흡은 모두 같은 산화반응이고 그 최종산물end product은 물(H_2O)이다. 겨울철에 자동차 배기구에서 나오는 허연 수증기와 우리가 내뿜는 입김을 생각하면 이해하기 쉽다. 연소

과정에서는 많은 에너지가 빠르고 한꺼번에 방출되지만, 호흡 과정에서는 천천히 단계적으로 에너지가 방출된다는 속도의 차이만 있을 뿐이다. 산화의 정반대가 환원reduction이다. 상대적으로 더 환원된, 그러니까 수소원자가 더 많이 결합한 물질에는 그만큼 에너지가 많다. 이해하기 어렵다면 그냥 외워도 된다.

원자는 물질을 이루는 기본 단위다. 원자는 하나의 핵과 이를 둘러싼 전자로 구성되는데, 전자의 수는 원자마다 다르다. 물질대사 과정에서 전자는 수시로 원자 사이를 오간다. 이때 다정한 연인처럼 수소이온(H^+)인 양성자와 늘 붙어 다닌다.

우리가 먹은 밥이 소화되는 과정을 예로 들어 전자의 이동을 살펴보자. 밥에 들어 있는 탄수화물이 소화되면 주성분인 녹말(전분)이 포도당으로 분해되어 혈액으로 녹아 들어간 다음 각 세포에 공급된다. 배가 고파서 머리가 잘 안 돌아갈 때 흔히 '당 떨어졌다'고 말하는데, 이는 제법 과학적인 표현이다. 바로 포도당이 우리 몸에 가장 중요한 에너지원이기 때문이다. 세포에서 포도당 1그램을 태우면 4킬로칼로리 정도의 에너지를 얻는다. 만약 포도당의 공급량이 너무 많아 미처 다 태우지 못하고 남으면 지방으로 바꿔 저장한다. 즉 살이 찐다는 뜻인데, 이 과정은 세포 차원에서 미래를 대비하려는 나름의 노력이다. 이를 원하지 않는다면 그만큼 운동을 더 해서 포도당을 모두 태워야 한다. 칼로리를 태우라는 다이어트 구호에 담긴 과학적 사실이다.

이렇듯 세포에서 포도당을 태우는 과정이 세포호흡이다. 이 과정에서 포도당에 저장되어 있던 에너지가 양성자와 전자에 담겨 방출된다.

세포는 이 에너지를 사용하고, 에너지를 담았던 양성자와 전자는 산소와 결합해서 물이 된다. 결국 산소는 에너지를 배달하느라 수고하고 지친 양성자와 전자를 품에 안아 쉬게 함으로써 우리의 생명을 유지하는 것이다. 1937년 노벨 생리의학상 수상자 얼베르트 센트죄르지Albert Szent-Györgyi는 이를 '생명이란 쉴 곳을 찾는 전자'라고 멋지게 함축했다.

세포호흡은 해당과정glycolysis과 TCA회로tricarboxylic acid cycle, '산화적 인산화oxidative phosphorylation'의 세 단계를 차례로 거치며 일어난다. 그림 2-2의 포도당이 옥수수이고 이를 찜기에 넣기 편하게 반으로 자른다고 생각해보자. 바로 이게 세포호흡 첫 단계인 해당과정이다. 그 결과 탄소 6개로 이루어진 포도당($C_6H_{12}O_6$)이 탄소 3개로 된 피루브산($C_3H_4O_3$) 2개로 쪼개진다. 이와 동시에 옥수수 알갱이(양성자

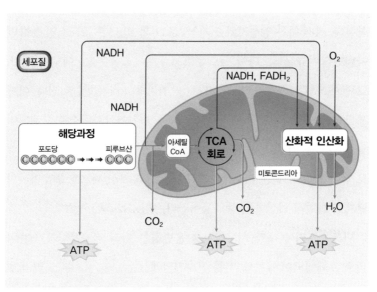

| 그림 2-2 | **세포호흡의 3단계**

와 전자) 일부, 다시 말해 해당과정에서 피루브산에 잔류하지 못한 수소원자 4개가 떨어져 나와, 현재 《표준국어대사전》에 가장 긴 단어로 등록된 '니코틴아마이드아데닌다이뉴클레오타이드nicotinamide adenine dinucleotide, NAD+'에 붙는다. 이렇게 만들어진 NADH(NAD+의 환원형)는 물건을 싣고 배달하는 택배차에 비유할 수 있다. NAD+는 비타민 B₃에서 유래하는 조효소(복합단백질로 이루어진 효소의 비단백질 성분)로, 세포호흡의 산화-환원 반응에서 수소원자와 전자를 나르는 역할을 한다.

피루브산은 세포질에서 미토콘드리아 내막에 둘러싸인 '미토콘드리아 바탕질mitochondrial matrix'로 이동해서 '아세틸 CoAAcetyl CoA'로 산화된다. 이 과정에서 탄소원자 1개가 이산화탄소(CO_2)로 산화되어 떨어져 나가면서 NADH 1개가 생성된다. 결과적으로 탄소원자 2개로 이루어진 아세틸 CoA는 TCA회로를 거치면서 이산화탄소 2분자로 산화된다. 이때 나온 양성자와 전자는 NAD+와 또 다른 조효소인 플라빈아데닌다이뉴클레오타이드flavin adenine dinucleotide, FAD+에 전달된다. 그 결과 NADH 3개와 FADH₂(FAD+의 환원형) 1개가 만들어진다. 이제 포도당을 이루던 6개의 탄소원자는 총 6개의 이산화탄소로 분해되어 모두 인체를 떠났고, 포도당에 있던 에너지만 NADH와 FADH₂ 형태로 남아 있다. 이들은 미토콘드리아 내막으로 가서 세포호흡의 마지막 단계인 산화적 인산화 과정에 들어간다.

미토콘드리아 내막에는 전자를 운반하는 여러 전자운반체가 순차적으로 배열되어 있는데, 이를 전자전달계electron transport system라고 한다. NADH와 FADH₂는 전자전달계에 수소와 전자를 배달하고, 다시

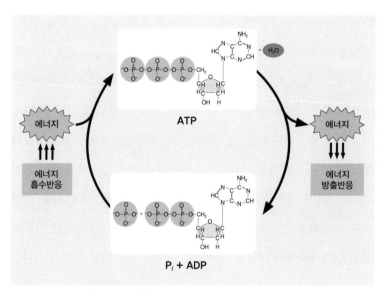

| 그림 2-3 | **ATP와 ADP의 순환**

NAD$^+$와 FAD$^+$가 되어 해당과정과 TCA회로로 달려간다. 다음 배달을 하기 위해서다. 양성자와 전자는 전자전달계를 따라 흐르면서 다량의 ATP를 만들어낸다. ATP는 아데노신3인산adenosine triphosphate의 줄임 말이다. 한마디로 여러 영양소에서 뽑아낸 에너지를 담아두는 '충전식 배터리'다.

ATP는 아데노신에 3개의 인산기가 달린 구조인데, 끝부분에 결합된 인산기에 에너지가 들어 있기 때문에 이 부분이 끊어질 때 에너지가 나온다. ATP는 필요할 때 물과 반응(가수분해hydrolysis)해서 아데노신2인산adenosine diphosphate, ADP이 되면서 에너지를 방출한다. 이렇게 제공되는 에너지가 세포 안에서 일어나는 대사과정에 이용된다. ADP는 세포호흡 과정과 연계해 인산기를 붙인 다음 다시 ATP가 된다. 이처럼

ATP는 방전과 충전을 반복하며 생명의 배터리 역할을 한다. 포도당 1분자로 대략 30개 남짓한 ATP를 만들 수 있다.

그림 2-4에서 보는 것처럼 해당과정은 먼저 ATP가 소모되는 단계와 생성되는 단계로 이루어진다. 펌프로 물을 퍼 올리기 위해 한 바가지쯤 마중물을 붓는다고 생각하면 된다. 실제로 세포는 포도당 1개를 반으로 자르면서 ATP 2분자를 얻는다. 해당과정에서 효소의 기질 substrate에 있던 인산기가 ADP로 전달되어 생성되며, 이 방식을 '기질수준 인산화substrate-level phosphorylation'라고 한다. TCA 회로에서도 아세틸 CoA 1개당 ATP 1개가 기질수준 인산화로 만들어진다. 하지만 ATP 생산의 큰손은 따로 있다. 바로 산화적 인산화다.

미토콘드리아 내막 속 전자전달계에서 일어나는 산화적 인산화는 높은 곳으로 물길을 돌린 다음, 낙차를 이용해 에너지를 만드는 수력발전과 원리가 비슷하다. 다시 그림 2-4의 아래를 보자. 전자가 전자전달계를 따라 이동하는 동안 양성자가 계속해서 미토콘드리아 내막 밖으로 나간다. 이 때문에 내막을 경계로 안과 밖의 농도 차, 다시 말해 양성자기울기proton gradient가 점점 커진다. 이렇게 막 사이 공간에 축적된 양성자가 ATP 합성효소를 통과하면서 ATP가 합성된다. 화학삼투 chemiosmosis라고 부르는 이 과정은 물이 수력발전 터빈을 돌리는 것과 같은 원리로 일어난다. 그런데 여기서 또다시 궁금한 점이 생긴다. 도대체 전자전달 과정에서 양성자는 왜 내막 밖으로 나가는가?

전자전달계를 이루는 전자운반체에는 크게 두 부류가 있다. 양성자, 전자를 모두 운반하는 효소와 오직 전자만을 나르는 효소다. 자, 이제

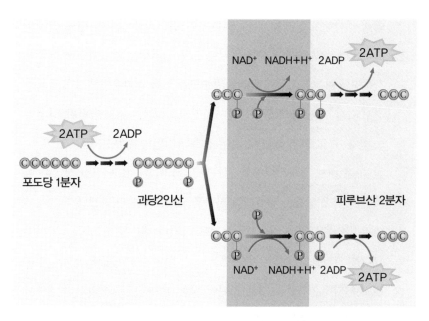

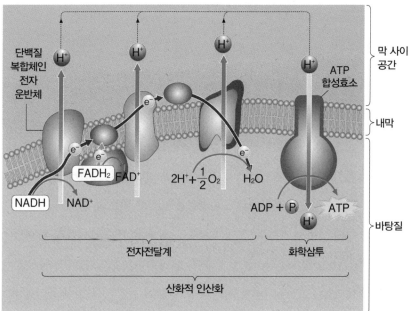

| 그림 2-4 | **기질수준 인산화**(위)와 **산화적 인산화**(아래)

함께 생각해보자. NADH와 FADH$_2$는 전자전달계의 첫 번째 전자운반체에게 양성자와 전자를 동시에 모두 넘겨주고 떠났다. 이제 이 전자운반체는 받은 것을 그대로 옆에 있는 다음 전자운반체에게 전해주려고 한다. 그런데 이를 어쩌나? 그 전자운반체는 전자만 받지, 양성자는 받을 수 없단다. 하는 수 없이 전자는 전달하고 양성자를 밖으로 버린다. 두 번째 전자운반체가 전자를 넘기려는데, 또 난감한 상황이 벌어진다. 다음 주자는 양성자와 전자를 세트로 줘야만 받겠단다. 그래서 미토콘드리아 바탕질에서 양성자를 가져다 세트를 만들어준다. 만약 그다음 전자운반체가 전자만 받겠다고 하면 양성자는 또 밖으로 버려질 것이다. 다시 말해 서로 성질이 다른 전자운반체의 엇갈린 배열이 양성자기울기 생성의 원동력이다.

산소 없이 숨 쉬는 생물들

만약 산소가 사라진다면 인간을 비롯한 모든 동식물은 곧 삶을 마감하게 될 것이다. 매우 유감스럽지만 엄연한 사실이다. 그런데 이렇게 극단적으로 암울한 상황에서도 미생물은 대부분 아무 문제 없이 계속 숨을 쉬며 살아갈 것이다. 도대체 이들은 산소 없이 어떻게 호흡을 한단 말인가? 호흡에서 산소가 하는 기능을 정확하게 알고 있다면 이 질문에 대한 답은 그리 어렵지 않게 찾을 수 있다. 우리가 섭취한 음식물에서 나온 전자를 가장 마지막에 받아들이는 것이 산소이고 이 과정이 바로 세포호흡이라고 앞에서 설명했다. 그렇다면 맨 마지막 과정에서 산소 대신 다른 물질로 전자를 받을 수만 있다면 별문제 없이 호흡할 수 있지 않을까? 실제로 많은 세균이 우리에게 없는 이 능력을 갖추고 있다. 이 호흡을, 산소를 이용하는 산소호흡aerobic respiration(유기호흡)과 대비해서 무산소호흡anaerobic respiration(무기호흡)이라고 한다.

우리 몸에 들어온 산소의 대부분은 세포호흡에서 에너지 전달을 마친 수소원자와 만나 물로 환원된다. 그런데 간혹 잘못된 만남으로 초과산화이온(O_2^-)과 과산화수소(H_2O_2) 같은 활성산소reactive oxygen species로 변신하기도 한다. 활성산소는 체내로 침입하는 유해인자를 제거하는 데 도움을 주기도 하지만, 세포 내에 활성산소가 너무 많아지면 유전자와 단백질 등 중요한 세포 구성물질을 손상시킨다. 우리 몸에는 이런 활성산소를 제거하는 효소 체계가 있다. 우리에게는 생명수 같은 산소가 이 효소를 갖추지 못한 생명체에게는 사약이 된다. 산소를 만나면 죽어버리기 때문에 이들은 살기 위해 산소를 피해 꼭꼭 숨어야만 한다. 바로 혐기성세균anaerobic bacteria이다.

생물 이름에 비호감을 더해주는 글자라면 단연 '균菌'일 텐데, 이에 못지않게 비호감인 글자가 바로 '혐嫌'이다. 이 글자가 붙으면 자연스레 혐오스럽다는 느낌이 든다. 그런데 산소를 피해 살아보겠다고 나름대로 최선을 다하는 미생물에게 이 비호감 두 글자를 동시에 붙여서 '혐기성세균'이라고 부르는 게 영 편치 않다. 단순히 어감의 문제가 아니라 혐기성세균이라는 용어 자체가 과학적인 오해를 낳기 때문이다.

'혐기성'은 공기(산소)가 없다는 뜻을 지닌 영어 단어 anaerobic을

일본식 한자로 잘못 번역하면서 만들어진 용어다. 이보다는 '산소비요
구성세균'이 생물학적으로 더 정확한 표현이라고 생각한다. 일부 절대
혐기성세균을 제외하고 대부분 활성산소 제거 효소가 있으면서 추가
로 무산소호흡을 할 수 있는 능력이 있으니 말이다. 다시 말해 산소가
있으면 우리처럼 산소호흡도 한다는 뜻이다. 따라서 혹시라도 이들의
삶을 측은하게 여긴다면 이들은 이렇게 말할 것이다. "너나 잘하세요."
우리의 편협한 사고를 기준으로 보면 산소가 없는 환경이 나쁠 것 같
지만, 이들의 관점에서 보면 다른 생물이 거의 접근할 수 없는 서식지
야말로 그들만의 세상 아닌가.

호흡과 발효의 차이

함께 융합연구를 하는 울산대학교 김동규 교수가 몇 해 전 생성과 창
조의 상징인 '씨앗'을 사랑의 자기복제로 본다면 '생명은 곧 사랑'이라
는 말을 전해주었다. 생물학적으로 보아도 사랑은 생명의 숨겨진 원리
로 다가온다. 그런데 진지하게 사랑의 의미를 되새겨보는 중에 문득
〈사랑〉이라는 우리 가곡(이은상 시, 홍난파 곡)이 떠올랐다.

> 탈대로 다 타시오 / 타다 말진 부디 마소 / 타고 다시 타서 / 재 될 법은
> 하거니와 / 타다가 남은 동강은 / 쓸 곳이 없느니다

반타고 꺼질진댄 / 애제 타지 말으시오 / 차라리 아니타고 / 생낙으로
있으시오 / 탈진댄 재 그것조차 / 마저 탐이 옳으니다

그런데 '타다가 남은 동강은 쓸 곳이 없다'라는 구절에서 이런 생각
이 들었다. 혹시 안타깝게도 이번 사랑이 이루어질 수 없다면, 다른 사
랑을 위해 '남은 동강'도 필요하지 않을까? 모르겠다. 사랑, 정말 어렵
다! 그러나 분명한 사실은 생물학적 에너지 측면에서는 '남은 동강'이
쓸 데가 많다는 것이다. 발효산물fermentation product이 그 주인공이다.

일상생활에서는 '미생물 때문에 식품이 변질되는 것' '술이나 산성
유제품을 생산하는 과정' 따위를 발효라고 한다. 산업에서는 발효가
'공기가 있거나 없는 상태에서 일어나는 대규모의 미생물 공정'을 뜻
한다. 좀 더 과학적인 정의는 '산소가 없는 조건에서만 일어나는 에너
지 생산 과정'이다. 의아한 표정으로 고개를 갸우뚱하는 독자가 있기를
기대한다. 사실 이 정의에는 과학적으로 문제가 있다. 이렇게만 말하면
바로 앞에서 설명한 무산소호흡과 발효를 구분할 수 없고, 자칫 이 둘
을 같은 것이라고 오해할 수도 있기 때문이다. 무산소호흡은 산소 대
신 다른 물질을 사용했을 뿐, 해당 유기화합물에 있는 모든 탄소가 이
산화탄소로 산화되는 완전연소다. 반면 발효는 타다 남은(덜 산화된)
발효산물이 만들어지는 불완전연소다.

호흡과 발효를 구분하는 가장 큰 특징은 'NAD$^+$ 재생산' 방법의 차
이다. 호흡에서는 NADH가 양성자와 전자를 전자전달계로 넘기면서
NAD$^+$로 산화되어 다시 배송 임무를 수행한다. 만약 산소를 비롯한 최

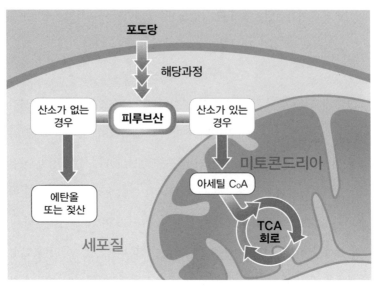

포도당

해당과정

산소가 없는
경우

피루브산

산소가 있는
경우

미토콘드리아

에탄올
또는 젖산

아세틸 CoA

TCA
회로

세포질

| 그림 2-5 | **산소호흡과 발효**

종 전자운반체가 없으면 NADH가 NAD^+로, $FADH_2$가 FAD^+로 산화 되지 않으므로 TCA회로와 해당과정 모두 중단될 위기에 처한다. 발효 에서는 유기물을 분해하면서 TCA회로와 전자전달계를 거치지 않는 다. 발효 과정에서는 해당과정의 최종산물인 피루브산에 양성자와 전 자를 전달하고, 에탄올이나 젖산 따위로 환원시키면서 NAD^+를 다시 만들어 해당과정이 계속 일어나게 한다.

호흡으로 완전히 포도당을 태우면(산화하면) 여기에 들어 있는 에 너지를 모두 뽑아내고 최종산물인 물과 이산화탄소를 버린다(배설 excretion). 그러나 발효를 하면 포도당에 있는 에너지의 일부만을 사용 하고 여전히 상당량의 에너지가 들어 있는 발효산물을 배설물로 내놓 게 된다. 게다가 이 배설물이 과도하게 쌓이면 그 생명체에게 해롭기까지 하다. 보통 맥주와 와인의 알코올 함량이 각각 5퍼센트와 14퍼센트 정도인 이유가 바로 이 때문이다. 결국 우리는 미생물의 배설물을 즐기고 있었던 것이다.

그렇다고 충격을 받지는 마시라. 한 생물종의 배설물이 당사자에게는 독이 되지만, 다른 생물종에게는 약이나 먹이(양분)가 되는 것이 대자연의 섭리니까. 멀리 갈 것도 없이 우리 자신을 생각해보자. 식물은 우리가 숨 쉬고 내놓는 배설물인 이산화탄소를 광합성에 이용하고, 우리는 그들이 내놓은 배설물인 산소 덕분에 살아가지 않는가! '배설'이라는 말맛에 속지 말고 예로부터 우리 민족이 즐겨 먹어온 각종 김치와 장류, 젓갈, 식혜 등 매우 다양한 타다 남은 동강을 한껏 즐기자. 맛도 좋고 몸에도 좋으니.

우리와 다르게 숨 쉬는 생물과 공생하는 법

우리 속담에 이르기를 흐르는 물은 썩지 않는다고 했다. 항상 자기계발에 힘써야 시대에 뒤떨어지지 않고 변질되지 않음을 비유적으로 이르는 말이다. 그런데 생물학적으로 보면 이 속담의 주인공은 단연코 미생물이다. 썩지 않는다는 것은 미생물이 물에 있는 유기물을 깨끗이 먹어치워 완전히 분해한 상태, 다시 말해 여러 미생물이 세포호흡을 완벽하게 수행한 결과라는 뜻이다. 물이 흐르면 물속 미생물이 숨 쉬는 데 필요한 산소가 원활하게 공급된다. 보통 자연수에 녹아 있는 산소량, 곧 용존산소량dissolved oxygen은 1리터당 10밀리그램 정도다. 문제는 먹을 것, 곧 오염물이 많을수록 미생물에게는 그만큼 더 많은 산소가 필요하다는 점이다. 이처럼 미생물이 오염물을 분해할 때 필요한 산소량을 '생물학적(생화학적)산소요구량biological(biochemical) oxygen demand, BOD'이라고 한다.

당연히 BOD는 오염물 함량에 비례해 많아진다. 하수의 BOD는 보통 자연 용존산소량의 약 20배에 달한다. 이런 하수가 그대로 강이나 호수로 흘러들면 거기에 사는 미생물들은 특식을 마음껏 즐길 수 있어서 신이 난다. 하지만 수생생태계 전체로 보면 매우 걱정스러운 일이다. 비정상적으로 늘어난 유기물을 미생물이 분해하면서 산소를 써버리면, 자칫 물고기의 떼죽음으로 이어져 심각한 환경피해를 연쇄적으로 일으킬 수 있기 때문이다.

옛날에는 인간이 배출하던 쓰레기와 하수의 양이 말 그대로 자연스럽게 사라지고 정화될 수 있는 정도였다. 하지만 도시화와 그에 따른 인구 증가 때문에 늘어난 폐기물의 양은 자연의 자정능력만으로는 감당할 수 없는 지경에 이르렀다. 다행히 폐기물 처리 기술이 속속 개발되어 활용됨으로써 자연의 부담을 덜어주었는데, 그 중심에 미생물의 탁월한 호흡능력이 자리하고 있다.

보통 하수처리는 수영장 같은 큰 수조에 물을 가두고 물에 떠 있는 부유물과 가라앉은 찌꺼기를 제거하는 것으로 시작한다. 이때 바닥에 가라앉은 물질을 슬러지sludge라고 한다. 1차 처리는 기본적으로 물리적인 방법으로 이루어지지만, 하수가 머무는 동안 미생물이 유기물과 슬러지 일부를 분해한다. 일반적으로 1차 처리 과정에서 BOD가 30퍼센트가량 줄어든다. 나머지는 2차 처리 과정에서 대부분 없어진다.

전적으로 미생물의 호흡능력에 의존하는 2차 처리 과정은 기본적으로 미생물을 배양하는 것이다. 미생물이 구정물 속 오염물을 먹어 치우며 무럭무럭 자란다는 뜻이다. 실제로 2차 처리 과정의 수조에는 그런 미생물이 숨을 잘 쉴 수 있도록 공기를 불어넣거나 수조의 구정물을 휘젓는다. 이렇게 하면 미생물이 무럭무럭 자라면서 상당수가 뭉쳐서 밑으로 가라앉는데, 이를 활성슬러지activated sludge라고 한다. 이때 '활성'이라는 단어를 붙인 이유는 분해하는 미생물이 슬러지의 대부분이기 때문이다. 1, 2차 처리 과정에서 나온 슬러지는 '혐기성 슬러지 소화조'로 보내져 산소가 없는 상태에서 처리된다. 쉽게 말해 산소 없이 숨 쉬는 미생물들이 남은 슬러지를 먹어 치운다. 특히 산소를 만나면 즉사하는 메탄생성균methanogen의 역할이 중요하다.

메탄methane(CH_4)은 탄소 1개에 수소 4개가 붙은 가장 간단한 탄화수소다. 탄화수소란 탄소와 수소만으로 이루어진 화합물을 통틀어 이르는 말이다. 메탄은 오직 메탄생성균만 생산할 수 있으며, 대부분 수소와 이산화탄소가 결합해서 만들어진다($CO_2 + 4H_2 \rightarrow CH_4 + 2H_2O$). 호흡에서 산소가 하는 기능을 이산화탄소가 대신하는 무산소호흡의 사례. 어떤 메탄생성균은 직접 아세트산을 분해해서 메탄을 만들기도 한다($CH_3COOH \rightarrow CH_4 + CO_2$). 메탄은 천연가스의 주성분이다. 그러니까 메탄생성균이 솜씨를 한껏 발휘할 수 있게 판을 깔아주면 폐수에서 천연가스를 채굴할 수 있다는 뜻이다. 실제로 이렇게 생산되는 메탄은 보통 하수처리시설의 난방이나 동력 연료로 사용한다. 여기서 끝이 아니다. 슬러지 소화 과정이 끝나고 남은 찌꺼기마저도 수분을 없애면 토양개량제로 쓸 수 있다. 이 정도면 미생물이 주도하는 하수 처리, 곧 물재생은 재활용을 넘어서 새활용upcycling 수준이라 하겠다.

메탄을 만드는 것은 메탄생성균의 전매특허지만, 다른 미생물들이 이 세균에게 메탄을 만들 원료를 주어야 이 능력을 발휘할 수 있다. 여러 미생물이 산소가 없는 환경에서 슬러지를 먹고 자라며 다양한 유기화합물과 이산화탄소를 내놓는다. 그러면 또 다른 미생물 무리가 유기화합물을 발효해서 아세트산과 수소가스, 이산화탄소 등을 만든다. 이것이 바로 메탄을 만드는 데 필요한 원재료다.

하지만 메탄은 생산만큼이나, 아니 그보다 더 중요한 게 포집capture 이다. 잘 붙잡으면 요긴한 재생에너지가 되지만, 그냥 내보내면 지구온난화를 가속하는 골칫덩이가 되고 만다. 유감스럽게도 메탄이 이산화탄소보다 더 강력한 온실가스다(온실가스에 대해서는 5부에서 자세히 다루기로 한다). 흔히 메탄이 원유와 천연가스를 시추하는 과정에서 많이 나온다고 생각하기 쉽다. 사실 이렇게 발생하는 메탄은 지구 전체 배출량의 5분의 1이 채 안 된다. 나머지 대부분은 쓰레기 매립지와 하수처리장, 농경지, 녹는 동토층 등 다양한 곳에서 만들어진다.

매립지나 하수처리장처럼 발생 지점을 정확히 짚을 수 있는 곳은 포집시설 설치가 비교적 쉽고, 포집한 메탄은 같은 장소에서 발전기를 가동하거나 시설 난방을 할 때 에너지로 사용할 수 있다. 이렇게 활용하는 것이 여의치 않으면 차선책으로 그냥 태워서 이산화탄소로 바꾸는 게 그나마 낫다. 반면 농경지와 습지같이 넓은 지역의 여기저기서 소량으로 뿜어나오는 메탄을 포집하는 것은 물리적으로 거의 불가능하다. 이런 난제를 해결하기 위한 연구가 여러 방면으로 진행되고 있는데, 2022년 미국 매사추세츠공과대학교 연구진이 평범한 소재로 놀라운 포집 설비를 개발했다는 소식을 전했다.[1] 이 첨단(?) 시스템의 핵심은 바로 반려묘 배변 관리에 이용하는 '고양이 모래'다. 정확히 말해서 고양이 모래 성분 가운데 배변 냄새를 잡아주는 물질인 제올라이트zeolite다.

자연적으로도 생성되지만, 산업적으로 대량 생산되는 제올라이트는 미세 다공성 알루미늄 규산염 광물로서 주로 흡착제나 촉매로 활용된다. 연구진은 이 저렴하고 흔한 소재에 소량의 구리이온을 담아 처리하면, 공기에서 메탄을 흡수하는 데 매우 효과적이라는 사실을 발견했다. 먼저 고양이 모래 크기만 한 제올라이트에 구리이온을 가한다. 이렇게 처리한 제올라이트 입자로 반응관을 채운 다음 외부에서 가열하면, 2피피엠(백만분율)에서 2퍼센트(백분율) 농도로 메탄이 반응관을 통과한다. 이 범위는 대기 환경에 자연적으로 존재하는 메탄 농도를 모두 아우르는 농도다. 이 방식은 공기에서 메탄을 제거하는 기존의 다른 방법에 비해 여러 가지 이점이 있다. 플래티넘이나 팔라듐과 같은 비싼 촉매가 필요 없고 기존 방법의 절반 수준인 섭씨 200~300도 정도로만 가열해도 충분히 원하는 결과를 얻을 수 있다. 아직 실험실에서만 이루어진 파일럿 실험이지만, 그 작동 원리는 매우 간단하고 명료하다. 이제 실용화를 위한 엔지니어링 작업이 어떻게 진행될 것인지가 관건이다.

메탄생성균은 탄소순환을 비롯해 자연생태계에서 대체 불가능한 중요할 정도로 역할을 한다. 또 환경 조건이 허락하는 범위에서 최대한 잘 살아보려는 것은 생명체의 속성이다. 우리 기준으로 메탄생성균이 너무 많이 활동한다고 탓할 수는 없는 노릇이다. 이들에게 그런 환경 조건을 제공한 게 바로 우리니까 더욱 그렇다. 하지만 마냥 손 놓고 있을 수만은 없다. 어떻게 해서든 메탄생성균의 활성을 억제할 방안을 마련해서 실천해야 한다.

먼저 메탄생성균의 먹잇감인 유기성 폐기물 배출부터 최대한 줄여야 한다. 당장 각 가정에서 음식물 쓰레기를 줄이는 것도 큰 도움이 된다. 사실 엄밀히 따지면 음식물 쓰레기는 절대 함께할 수 없고 함께해서도 안 되는 두 단어의 조합이다. 맛나게 먹던 음식이 숟가락을 놓는 순간 쓰레기로 바뀐다는 게 말이 된단 말인가? 음식물 쓰레기라는 용어를 아무 거리낌 없이 사용하고 다이어트라는 명목으로 고칼로리 음식을 적대시하는 현대인은 먹거리의 소중함과 친환경 생활 실천의 절실함을 깨달아야 한다.

다시 메탄 얘기로 돌아와서, 정말로 필요하다면 좀 더 직접적으로 메탄생성균 활성을 억제할 수도 있다. 일단 이들은 산소가 있으면 살지 못하니 산소 공급을 늘리는 게 하나의 방법이다. 아예 해당 환경에 특정 화학물질을 첨가해 메탄생성균의 성장을 제한할 수도 있다. 물론 이러한 억제제를 사용하면 미생물 생태계에 부정적인 영향을 미칠 수 있으므로 사용을 신중히 해야 한다.

바뤼흐 스피노자Baruch Spinoza라는 철학자가 있다. 네덜란드 출신 유대인으로 총명하고 신앙심이 깊은 엘리트였지만, 유대교 사제들이 고수해왔던 신神의 개념을 부인했기 때문에 파문당했다. 시쳇말로 평생 끔찍한 왕따를 당한 것이다. 갖은 비난을 견디며 힘겹게 살면서 사색과 성찰에 몰두한 그는, 어떤 것들이 서로 어떻게 만나느냐에 따라 그 관계가 서로에게 이익이 될 수도 정반대로 해악이 될 수도 있음을 깨달았다.

스피노자는 "즐거운 음악이 기쁜 이에게는 좋고, 장례식장에서는 나쁘며, 청각장애인에게는 좋지도 나쁘지도 않다"라고 했다. 무엇이 좋고 나쁨은 그 자체에 있는 게 아니라 어떤 상대를 만나느냐 하는 '관계'에 있다는 뜻이다. 스피노자식으로 보면, 메탄생성균의 좋고 나쁨도 미생물 자체에 있는 것이 아니라 누구를 어떻게 만나느냐 하는 관계에 있다. 양날의 검과 같은 이들과 어떤 관계를 맺을지는 우리 손에 달려있다.

∶
∶

세포호흡에 숨어 있는
다이어트의 비밀

미토콘드리아는 한마디로 세포 내 발전소라고 할 수 있다. 우리 삶의 원동력인 ATP를 만들어내니 말이다. 그런데 때로는 이 발전소가 그냥 열을 만드는 난방기 역할을 하기도 한다. 대표적으로 겨울잠을 자는 동물에서 그렇다. 잘 알다시피 겨울잠을 자는 동물은 지방으로 잔뜩 살을 찌우고 나서 긴 잠자리에 든다.

지방은 효과적인 보온재이자 탁월한 생체연료다. 탄수화물이 1그램당 4킬로칼로리의 에너지를 만든다면 지방은 그 2배가 넘는 1그램당 9킬로칼로리의 에너지를 만들 수 있다. 이것이 바로 인체가 에너지 생산에 쓰고 남은 탄수화물을 지방으로 바꿔서 저장하는 이유다. 이 때문에 탄수화물과 지방을 비만의 주범으로 몰곤 하는데, 문제는 이 영양소들이 아니라 음식을 과다 섭취하는 우리에게 있음을 명심하자.

갈색지방세포를 주목하라

겨울잠을 자는 동물이 축적하는 지방은 크게 백색지방white adipose과 갈색지방brown adipose 두 가지로 나눌 수 있다. 백색지방은 자는 동안 조금씩 분해되어 물질대사에 필요한 에너지, 곧 ATP를 만드는 데 사용된다. 갈색지방은 동물의 몸이 얼지 않게 불을 지피는 난방유로 사용된다. 이 덕분에 겨우내 얼어 죽지 않고 봄이 되면 잠에서 깨어나 기지개를 켤 수 있는 것이다. 그런데 갈색지방은 어떻게 ATP가 아니라 열을 생산하는 것일까?

엄동설한에 밖에 나가면 저절로 몸이 부르르 떨린다. 이른바 '떨림 열발생shivering thermogenesis'이 일어나고 있다는 생생한 증거다. 쉽게 말해서 추위에 맞서 체온을 유지하려고 근육을 비벼서 열을 낸다는 뜻이다. 사실 온도가 낮은 환경에 있으면 인체는 먼저 '비떨림 열발생non-shivering thermogenesis'을 통해 열생산을 늘린다. 그러다가 이 방법이 한계에 달하면 떨림이 일어난다. 갈색지방세포의 연소는 대표적인 비떨림 열발생 수단이다.

갈색지방세포에는 짝풀림단백질uncoupling protein, UCP이라는 단백질이 많다. 이 단백질은 지방을 태워 열을 내는데, 이름에 그 작동 원리가 담겨 있다. 영어 단어 uncoupling은 '해제' 또는 '분리'를 뜻한다. 그렇다면 이 단백질은 도대체 무엇을 떼어놓는 것일까? 바로 전자전달 과정에서 형성되는 양성자기울기가 인산화에 '연결되지coupling' 않게 하는 것이다. 쉽게 말해서 미토콘드리아 내막을 새게끔 만들어 양성자기울기 형성을 막는다. 전자운반체가 양성자를 아무리 내막 밖으로 내보

내도 밑 빠진 독에 물 붓는 격이다. 이렇게 조금씩 양성자가 계속 흘러 들어오는 과정에서 열이 발생하는데, 겨울에 사용하는 손난로에서 열이 만들어지는 과정에 비유할 수 있겠다.

정리하자면 인체 지방의 대부분을 차지하는 백색지방세포는 피부 밑(피하지방)과 장기 주변(내장지방)에 고루 퍼져 있으며 연료 저장고 역할을 한다. 반면에 갈색지방세포의 주요 기능은 연료를 태우는 것이다. 그런데 최근 갈색지방세포가 다이어트 연구자들의 관심을 끌고 있다. 상대적으로 살이 잘 빠지는 사람에게서 갈색지방세포가 더 활발하게 활동한다는 사실이 밝혀졌기 때문이다. 이 발견을 토대로 갈색지방세포를 자극해 비떨림 열발생을 촉진함으로써 여분의 칼로리를 태우는 방법을 찾는 것이 다이어트 연구자들의 목표다.

다이어트 묘약 또는 독약?

〈인터폴 "지방 잘 태우는 다이어트약 'DNP' … 인체에 치명적" 경고〉[2] 2015년 5월 우리나라 한 일간지에 실린 기사 제목이다. 디니트로페놀 dinitrophenol, DNP은 대표적인 짝풀림제uncoupler로 미토콘드리아 내막에 형성되는 양성자기울기를 파괴한다. 따라서 이 화합물을 먹으면 ATP는 생산되지 않고 칼로리만 소모된다. 마치 자동차가 공회전을 하듯이 말이다. 이런 이유로 1930년대 이전까지는 실제 다이어트약으로 판매되기도 했다. 그러나 불규칙한 심장박동, 체온상승, 탈수, 구토 등 심각한 부작용이 나타나고 심지어 사망자가 다수 발생하자 1930년대 후반부터 사용이 전면적으로 금지되었다. 그런데 지금까지도 돈에 눈이 멀어 이런 위험물을 다이어트 묘약으로 속이고 팔아먹는 파렴치범들이 있다. 게다가 최근에는 기능성 보충제 따위로 교묘하게 속여서 온라인으로 밀거래까지 이루어지고 있다고 하니 심히 개탄스럽고 걱정된다.

모름지기 다이어트의 정석은 규칙적으로 운동하고 적절한 식이요법을 유지하는 것이다. 너무 상식적이어서 오히려 귀를 기울이지 않지만, 이것이 생물학적으로 건강과 몸매 두 마리 토끼를 모두 잡을 수 있는 최선책이다. 나잇살이 붙는 주된 이유는 나이가 들면서 기초대사량이 줄어들기 때문이다. 기초대사량은 한참 크는 나이인 10대 중후반에 정점에 달했다가 이후로 물질대사가 느려지고 근육량이 줄면서 점차 내리막길로 들어선다. 이런 상태에서 식사량을 그대로 유지하면 당연히 살이 찔 수밖에 없다.

무턱대고 갑자기 식사량을 줄이라는 말은 절대 아니다. 그렇게 하면 얄궂게도 인체는 몸에 쌓인 지방이 아니라 애꿎은 근육단백질을 당으로 바꿔 에너지원으로 사용하기 때문에 근육량은 더 줄어든다. 근육량이 줄어들면 그만큼 기초대사량이 더 낮아지는 악순환에 빠지고 만다. 그래서 무조건 굶기만 하는 다이어트는 효과는커녕 오히려 요요 현상을 일으킬 수 있다.

그럼 어떻게 해야 한단 말인가? 답은 이미 나왔다. 바로 기초대사량을 높여야 한다. 무엇보다 자기 수준에 맞는 운동을 해서 근육량을 늘리고 단련해야 한다. 근육량이 많으면 쉬고 있을 때도 칼로리를 더 많이 소모한다.[3] 가만히 있을 때를 기준으로 생각하더라도 지방세포보다 근육세포를 많이 갖고 있는 것이 다이어트에 더 도움이 된다.

인류의 기원을 읽는 정보 지도, 인간게놈프로젝트

DNA

인간을 비롯한 모든 생물의 설계도이자

행동 지침서인 DNA의 분석.

현재 생물학 연구는 이를 활용한 실험이 거의 일상화되면서

새로운 방향으로 나아가고 있다.

2000년 6월 26일 백악관, 미국 대통령 빌 클린턴Bill Clinton이 카메라 앞에 선다. 1990년 10월에 공식 출범한 인간게놈프로젝트(HGP)가 애초 계획을 5년이나 앞당겨 인간게놈 초안 해독에 성공했다는 역사적인 발표를 하려는 참이다. 대통령 뒤에는 미국 NIH의 프랜시스 콜린스Francis Collins 원장과 바이오 벤처 셀레라지노믹스Celera Genomics 창업자 크레이그 벤터Craig Venter 박사가 나란히 서 있다. 이 두 과학자는 인간게놈 분석을 두고 치열하게 경쟁해온 사

| 그림 3-1 | 인간게놈프로젝트 초안이 완성되었음을 공식 발표하는 클린턴 대통령과 벤터(왼쪽), 콜린스(오른쪽)

이다. 발표장에는 영국과 독일, 프랑스를 비롯한 여러 나라 대사들도 참석해서 HGP가 다국적 공동 연구 사업임을 여실히 보여준다.

현대 생물학의 아이콘, DNA

DNA는 부모에서 자손으로 전달되면서 생명의 연속성을 나타내는 유전자의 물질적 실체다. DNA는 데옥시리보핵산deoxyribonucleic acid의 약자다. 이 전체 용어를 세 부분으로 나누어 살펴보면 DNA에 관한 핵심 개념을 쉽게 이해할 수 있다. 먼저 핵산nucleic acid은 말 그대로 '핵 안에 들어 있는 산'이라는 뜻이다. 리보ribo는 5탄당(5개의 탄소원자로 된 당)인 리보스ribose를 지칭한다. 리보스는 산소원자(O)를 꼭짓점으로 4개의 탄소원자(C)가 만드는 오각형 구조이며, 5번 탄소는 4번 탄소에 결합해서 오각형 평면 위로 솟아 있다. 그리고 5탄당에 염기가 달린 것을 뉴클레오사이드nucleoside라 하고, 뉴클레오사이드에 인산기(PO_4^-)가 더해져 핵산의 기본 구성단위인 뉴클레오타이드nucleotide가 완성된다. DNA를 이루는 염기에는 아데닌adenin, A, 티민thymine, T, 구아닌guanine, G, 시토신cytosine, C 이렇게 총 네 가지가 있다.

끝으로 데옥시deoxy를 살펴보면, 산소를 뜻하는 oxy 앞에 제거를 의미하는 접두사 de-가 붙었다. 산소가 없다는 뜻인데, 정확하게는 2번 탄소에 산소가 없다. 여기에 산소가 그대로 있으면 리보핵산ribonucleic acid, RNA이 된다. RNA는 리보스에 산소원자 1개가 결합되어 있고 티민

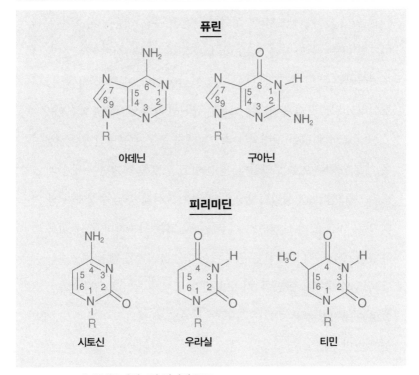

| 그림 3-2 | **뉴클레오타이드와 염기의 구조**

대신 우라실uracil, U 염기가 있다는 점에서 DNA와 차이가 있다. 티민은 우라실에 메틸기(-CH₃)가 하나 추가된 구조다.

핵산의 기본 구성단위인 뉴클레오타이드가 연결되어 DNA의 이중나선 구조를 이루는 규칙은 크게 두 가지다. 먼저 바로 앞 뉴클레오타이드의 3번 탄소에 붙은 수산기(-OH)와, 추가되는 뉴클레오타이드의 5번 탄소에 붙은 인산기가 연속해서 결합하면서 하나의 긴 사슬을 이룬다. 이렇게 만들어진 DNA 사슬 2개가 'A-T, G-C'라는 일정한 규칙에 따라 염기끼리 결합하면서 이중나선이 만들어진다. 이것이 바로 1953년 제임스 왓슨James Watson과 프랜시스 크릭Francis Crick이 학술지 《네이처Nature》에 발표한 한 쪽짜리 논문의 주요 내용이다. 이 논문에 따르면 이중나선의 폭은 2나노미터고, 한 번 꼬인 나선의 길이는 3.4나노미터인데 이 안에 10쌍의 염기배열이 들어 있다. 이중나선의 폭이 2나노미터로 일정하게 유지되는 이유는 규칙에 따른 염기배열 때문이다.

신비에 싸여 있던 생명의 본질, DNA의 구조가 규명되면서 생물학은 새로운 차원으로 도약했다. 당연히 그 공로를 인정받아 왓슨과 크릭은 1962년 노벨 생리의학상을 받았다. 그런데 공동 수상자가 한 명더 있다. 바로 모리스 윌킨스Maurice Wilkins라는 과학자다. 그는 비록 그 유명한 1953년에 발표한 논문에는 이름을 올리지 못했지만 노벨상 공동 수상의 영광을 안았다. 하지만 이런 영예가 온전히 이들만의 노력으로 이루어진 것은 아니다. 우리는 적어도 한 명의 과학자를 더 기억해야 한다.

킹스칼리지런던에는 '프랭클린-윌킨스관'이라는 건물이 있다. DNA

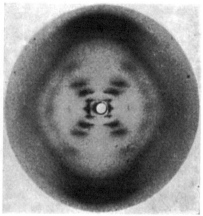

| 그림 3-3 | **프랭클린–윌킨스관(왼쪽)과 사진 51(오른쪽)**

구조 연구를 선도했던 두 과학자의 실험실이 있었던 곳이다. 그런데 왜 이 둘 가운데 한 명의 이름만 노벨상 수상자 명단에 올랐을까? 안타깝게도 로절린드 프랭클린Rosalind Franklin은 1958년에 향년 37세로 요절하고 말았다. 난소암 때문이었다. 당시 X선회절법Xray diffraction의 최고 전문가 가운데 한 사람이었던 그녀가, 수많은 실험 과정에서 X선에 과도하게 노출되어 암에 걸린 것으로 추측된다.

회절diffraction이란 파동이 물질을 통과하면서 장애물에 부딪힐 때 그 뒤편까지 전달되는 현상을 말한다. 예를 들어 벽에 가로막혀 모습은 볼 수 없지만, 소리는 들을 수 있는 이유는 빛은 회절하지 않고 소리는 회절하기 때문이다. X선회절 현상을 이용하면 결정에서 원자 사이의 공간을 측정할 수 있고, X선이 나오는 각도를 측정해서 분자 구조를 추측할 수 있다. 현대 생물학에서도 X선회절법은 단백질을 비롯해 다양한 생체물질의 구조를 규명하는 데 널리 쓰이고 있다. 고인에게는 노벨상을 수여하지 않는다는 스웨덴 한림원의 원칙 때문에 노벨상을 받지 못한 프랭클린이 안타까울 따름이다.

2019년 유럽우주국European Space Agency, ESA은 야심 차게 발사하는 화성 탐사선에 '로절린드 프랭클린'이라는 이름을 붙였다. 이는 그녀의 연구 업적이 DNA 구조를 규명하는 데 얼마나 크게 이바지했는지를 그대로 보여준다. 실제로 1952년 프랭클린이 찍은 DNA의 X선회절 사진 51(그림 3-3)은 DNA 구조 규명에 몰두하고 있던 왓슨과 크릭에게 마지막 퍼즐 조각과 같았다. 그것이 자기들이 추론하고 있던 DNA 이중나선 구조에 부합하는 실험적 증거였기 때문이다. 따지고 보면 앞서 언급한 이중나선의 폭이나 한 번 꼬인 나선의 길이 같은 정확한 수치는 논리적 추론만으로는 제시할 수 없다.

문제는 왓슨과 크릭이 이 사진과 관련 정보를 입수한 과정이다. 프랭클린의 동료 윌킨스가 그녀의 허락 없이 이 사진을 왓슨과 크릭에게 보여줬다. 윌킨스와 프랭클린은 함께 일하면서도 사이가 좋지 않았다. 왓슨도 1968년에 출간한 베스트셀러 《이중나선The Double Helix》에서 이러한 사실을 다음과 같이 분명하게 인정했다.

"물론 로지(로절린드 애칭)가 자신의 데이터를 우리에게 직접 건네준 것은 아니었다. 킹스대학교(킹스칼리지런던)의 어느 누구도 그 데이터가 이미 우리 손에 들어온 것을 눈치채지 못하고 있었다."[1]

그런데도 프랭클린이라는 이름은 왓슨과 크릭에게 노벨상을 안겨

준 논문에 공동 저자로 오르기는커녕 참고문헌에도 보이지 않는다. 다만 논문 끝에 윌킨스와 프랭클린 박사를 비롯한 킹스칼리지런던 연구진의 미발표 실험 결과와 아이디어에 자극을 받았다는 짧고 두루뭉술한 언급만 있을 뿐이다. 그러고 보니 1953년 4월 25일자 《네이처》에 특이한 점이 보인다. 왓슨과 크릭의 논문과 함께, 각각 윌킨스와 프랭클린이 제1저자인 두 편의 논문이 연달아 실려 있다. 왓슨과 크릭이 투고한 논문이 프랭클린의 연구 성과에 크게 의존하고 있음에도, 정작 프랭클린 자신은 이를 모른다는 사실을 《네이처》 편집자와 관계자가 인지한 것이다. 그리고 그들은 논의 끝에 킹스칼리지런던 소속 과학자들의 논문을 2개 더 싣기로 했다.

하늘나라에 있는 프랭클린에게 '프랭클린-윌킨스관'이라는 건물명은 그리 탐탁지 않을 것 같다. 이런 그녀의 마음을 화성 탐사선 '로절린드 프랭클린'이 달래주기를 바란다. DNA 구조 규명에 큰 발자취를 남긴 그녀가 화성에 상징적인 또 다른 발자국을 남길 테니 말이다. 그런데 이런 바람에 찬물을 끼얹는 비보가 날아들었다. 러시아-우크라이나 전쟁으로 로절린드 프랭클린호 발사가 연기되었으며 빨라야 2024년 여름에나 발사가 가능하다는 소식이었다. 이 책을 마무리하고 있는 2023년 기준으로는 이마저도 녹록지 않아 보인다.

안타까운 마음을 다잡으며 본격적인 HGP 이야기를 시작하려고 한다. 그 전에 먼저 몇 가지 용어를 짚어보자. 글머리에 언급한 인간게놈또는 인간유전체란 인간 DNA 전체의 염기서열을 말한다. 구체적으로 핵에 있는 염색체 23쌍에다가 미토콘드리아에 있는 DNA까지 합친 것이다. 예를 들어 지금 입고 있는 옷이 모두 같은 천으로 만들어져 있다고 가정하면, 그 천에 해당하는 것이 바로 DNA다. 위아래 겉옷과 속옷 등은 개별 염색체에, 각 옷에 달린 주머니나 단추, 깃 따위는 개별 유전자에 비유할 수 있다. 그리고 이를 모두 합친 것, 즉 현재 입고 있는 옷 전부가 게놈에 해당한다.

최초의 DNA 염기서열 분석법

DNA 염기서열 분석의 역사는 1977년으로 거슬러 올라간다. 전혀 과학적이지 않지만, 행운의 숫자 7이 연속해서 있어서인지 그해에는 서로 다른 DNA 염기서열 분석법 두 가지가 한꺼번에 등장했다. 영국 케임브리지대학교의 한 연구진은 생물학적으로 접근해서 '다이데옥시 염기서열 분석법dideoxy sequencing'을 개발했다. 이 방법은 개발자 프레더릭 생어Frederick Sanger의 이름을 따서 '생어 염기서열 분석법Sanger sequencing'이라고도 한다. 한편 하버드대학교의 앨런 맥섬Allan Maxam과 월터 길버트Walter Gilbert는 화학에 기반한 '맥섬-길버트 염기서열 분석법Maxam-Gilbert sequencing'을 선보였다. 두 방법의 분석 원리는 완전히 다르다.

개발 당시에는 시료 DNA를 대상으로 직접 염기서열을 결정할 수 있다는 장점 때문에 맥섬-길버트 염기서열 분석법이 많이 사용되었다. 그러나 복잡한 화학반응을 일으켜야 하는 불편함이 있었다. 게다가

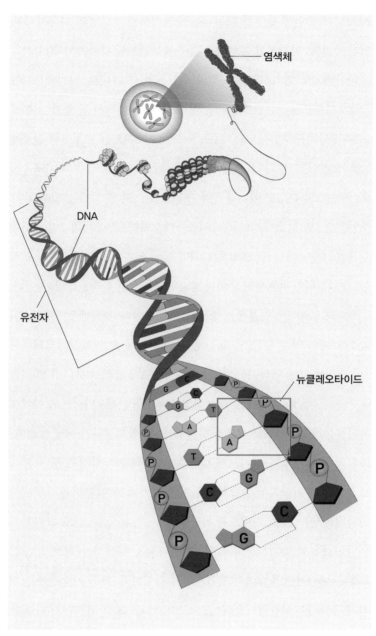

염색체

DNA

유전자

뉴클레오타이드

| 그림 3-4 | **DNA와 염색체의 관계**

1980년대 중반에 들어서 다이데옥시 염기서열 분석법이 자동화되자, 맥섬-길버트 염기서열 분석법은 결국 과학자들의 관심에서 밀려났다.

다이데옥시 염기서열 분석법의 핵심은 이름 그대로 '다이데옥시뉴클레오타이드dideoxynucleotide'다. 앞서 설명한 '데옥시'의 뜻을 떠올려보자. 정상적으로 DNA를 이루는 뉴클레오타이드는 모두 2번 탄소에 산소가 없다. 그렇다면 '둘'을 뜻하는 접두사 di-가 붙은 다이데옥시dideoxy는 2번 탄소뿐 아니라 산소가 없는 탄소가 또 있다는 말이다. 그 주인공은 3번 탄소다. 다이데옥시뉴클레오타이드는 2번과 3번 탄소에 수산기(-OH) 대신 수소(H) 하나씩만 붙어 있다. DNA 염기서열을 결정하는 데 '다이데옥시'가 얼마나 중요한지는 그림 3-5에서 알 수 있다.

뉴클레오타이드 연결에는 명확한 규칙이 있다. 뉴클레오타이드 3번 탄소에 붙어 있는 수산기(-OH)에, 바로 다음에 오는 뉴클레오타이드 5번 탄소에 달린 인산기(PO_4^-)가 순차적으로 결합해서 하나의 긴 사슬을 이룬다. 자, 이제 생각해보자. 정상 데옥시뉴클레오타이드와 다이데옥시뉴클레오타이드를 적당히 섞어 DNA를 합성한다면 어떻게 될까? 다이데옥시뉴클레오타이드가 결합하는 순간 DNA 합성은 끝난다. 새로 추가되는 인산기와 결합할 수산기가 없기 때문이다. 이런 맥락에서 다이데옥시뉴클레오타이드를 사슬종결자chain terminator라고 한다.

다이데옥시 염기서열 분석법 실험 과정을 자세히 살펴보자. 그림 3-6에서는 DNA를 4개의 시험관에서 합성한다. 모든 시험관에는 네 가지 정상 데옥시뉴클레오타이드(dATP, dGTP, dCTP, dTTP)가 다량 들어 있다. 그리고 다이데옥시 ATP(ddATP), 다이데옥시 GTP(ddGTP),

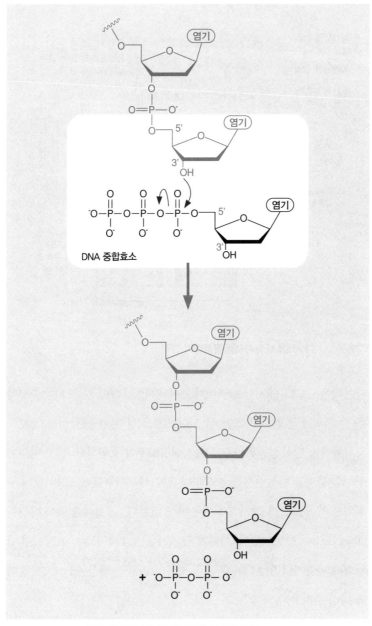

DNA 중합효소

| 그림 3-5 | DNA 합성 과정에서 뉴클레오타이드 결합 방식

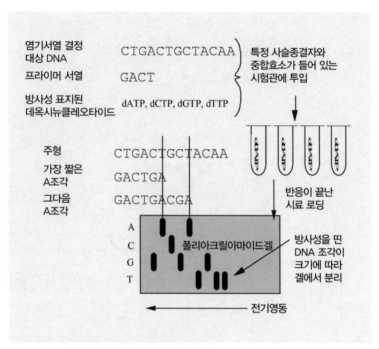

| 그림 3-6 | 다이데옥시 염기서열 분석법의 원리

다이데옥시 CTP(ddCTP), 다이데옥시 TTP(ddTTP) 같은 사슬종결자를 각 시험관당 한 가지씩만 서로 다르게 소량 첨가한다. 아울러 모든 시험관에는 방사성동위원소로 표지된 dATP가 포함되어 있다. 이렇게 구성한 물질로 합성반응을 진행하면, 다이데옥시뉴클레오타이드가 무작위로 끼어들고 그 즉시 합성반응이 종결된다. 그 결과 길이가 다양한 DNA 조각이 만들어진다. 이렇게 크기가 서로 다른 DNA 조각이 혼합된 반응물을 전기영동electrophoresis으로 처리하면 합성된 DNA가 길이에 따라 분리된다.

전기영동이란 용액 속 양성 또는 음성을 띤 물질이 전기가 흐르면

극성이 반대인 전극 쪽으로 움직이는 현상을 말한다. 따라서 겔gel을 만들어 한쪽 끝에 해당 혼합물을 주입하고 전기를 흘리면 각 물질을 크기별로 분리할 수 있다. 겔이란 용액 속의 콜로이드입자가 유동성을 잃고 탄성과 견고성이 약간 있는 고체나 반고체의 상태로 굳어진 물질을 말한다. 우무묵을 떠올리면 쉽게 이해할 수 있다. 겔 안에는 콜로이드입자가 서로 이어져 입체 그물 모양을 하고 있으며, 그 빈 공간은 물 같은 액체로 채워져 있다. 다이데옥시 염기서열 분석법에서는 보통 폴리아크릴아마이드겔polyacrylamide gel을 사용한다.

DNA는 인산기(PO_4^-)로 인해 음성을 띠므로 양극으로 향하는데, 크기가 클수록 이동속도가 더 느리다. 전기영동이 끝난 겔을 고정과 건조 과정을 거친 다음 X선 필름에 감광시키면 DNA 밴드가 드러난다. 겔 맨 아래에는 밴드가 가장 작은, 다시 말해 가장 먼저 DNA 합성이 종결된 DNA 조각이 있다. 이 조각이 프라이머primer에서 가장 가까운 염기다. 프라이머란 복제할 DNA 외가닥에 결합하는 15~20뉴클레오타이드 정도 길이의 외가닥 DNA 조각이며, 보통 화학적으로 합성한다. 쉽게 말해 프라이머는 새로운 DNA 합성을 시작하는 출발점이다. 이런 의미를 담아 프라이머를 시발체始發體로 번역하기도 하는데, 한자 의미를 제대로 모르면 자칫 애꿎은 오해를 일으킬 수도 있다. 정리하자면 프라이머에 가까운 겔 아래쪽부터 순서대로 읽으면 그 DNA 조각의 염기서열을 분석할 수 있다.

염기서열 분석법의 출발점이
유전공학을 태동시키기까지

다이데옥시 염기서열 분석법은 먼저 표적 DNA 조각을 클로닝cloning 하는 것으로 시작한다. '클로닝'이란 말 그대로 클론clone을 인공적으로 만들어내는 기술을 뜻하며, 클론은 같은 유전자 또는 유전적으로 같은 세포군이나 개체군을 일컫는다. 유전자클로닝은 연구와 산업적 목적으로 DNA 사본을 만드는 방법이며, 유전공학을 가능케 한 기본 기술이다.

1950년대 초반, 세균 연구자들이 박테리오파지bacteriophage에 대한 내성이 세균마다 다르다는 사실을 발견했다. 박테리오파지란 세균을 뜻하는 영어 bacteria에 '먹어 치우다'라는 뜻의 그리스어 phagein이 합쳐진 용어다. 이는 세균을 숙주세포로 삼아 감염하는 바이러스이며 간단히 파지phage로 줄여 부르기도 한다.

1960년대에 스위스 미생물학자 베르너 아르버Werner Arber는 세균에 감염된 파지 DNA가 일정한 패턴으로 잘리는 현상을 확인했다. 이에 아르버는 바이러스 DNA만을 선택적으로 공격하는 효소가 있다고 생각하고, 이를 제한효소restriction enzyme라고 불렀다. 이 명칭에는 세균 DNA는 건드리지 않고 침입한 파지 DNA에만 제한적으로 작용한다는 의미가 담겨 있다. 아르버와 그 연구진은 후속 연구를 통해 대장균Escherichia coli에서 제한효소와 메틸화효소methylase를 각각 정제하는 데 성공했다. 메틸화효소는 세균 DNA 곳곳에 메틸기($-CH_3$)를 붙여

차별화시킨다.

세균에는 우리 몸에 있는 면역세포와 마찬가지로 침입한 바이러스 DNA를 파괴하는 다양한 제한효소가 있다. 외래 DNA를 판별하는 이 효소들은 표적 DNA의 특정 염기서열만을 인식해서 자른다. 아르버와 그 연구진이 제한효소를 확인한 것과 비슷한 시기에 대서양 건너 미국에서는 대니얼 네이선스Daniel Nathans라는 미생물학자가 역시 대장균에서 여러 제한효소를 분리한 다음, 원숭이의 종양바이러스 DNA를 절단하고 그 구조를 설명했다. 1970년에는 또 다른 미국 미생물학자 해밀턴 스미스Hamilton Smith가 제한효소마다 표적 DNA에 작용하는 독특한 위치인 염기서열이 있다는 사실을 발견했다. 이 세 미생물학자는 1978년 노벨 생리의학상을 공동 수상했다.

한편 서로 다른 DNA 조각을 이어주는 효소인 리가아제ligase는 1960년대에 발견되었다. 리가아제와 제한효소는 각각 유전자풀gene glue과 유전자가위gene scissor라고 보면 된다. 마치 종이 공작을 할 때 풀과 가위를 쓰는 것처럼 DNA를 다룰 수 있는 가위와 풀을 손에 넣은 것이다. 이윽고 1978년에 인간의 인슐린 유전자가 들어 있는 DNA 조각을 분리해서 벡터vector에 연결한 다음, 이를 대장균에 집어넣어 인슐린을 생산하는 데 성공했다. 1982년 미국 식품의약국Food and Drug Administraion, FDA은 인간의 유전자를 대장균에 삽입해 만들어낸 인슐린 사용을 승인했다. 태동하던 유전공학 기술이 공식적으로 인정받은 순간이다.

생물학에서 벡터는 크게 두 가지 의미로 사용된다. 하나는 말라리

아모기처럼 여러 생명체에 병원체를 옮기는 매개체를 가리킨다. 다른 하나는 DNA 조각을 싣고 다른 세포에 들어가 스스로 복제할 수 있는 DNA 분자를 가리킨다. 후자의 용도로 널리 사용하는 대표적인 벡터로 플라스미드plasmid를 들 수 있다. 플라스미드란 세균과 효모 같은 단세포 미생물에서 염색체와 별도로 존재하면서 독립적으로 증식할 수 있는 DNA를 일컫는데, 보통 작고 둥근 고리 모양이다. 플라스미드는 물질대사에 필수적인 유전자보다는 항생제 저항성을 비롯한 특수 기능 유전자를 가지고 있기 때문에 특정 환경에서 해당 세균이 사는 데 도움을 준다. 이러한 플라스미드를 생물학 실험실에서는 유전자를 실어 옮기는 벡터로 사용한다. 외래 DNA 조각이 삽입된 플라스미드는 '재조합 플라스미드recombinant plasmid'라고 한다.

인간게놈프로젝트 연대기

1세대 DNA 염기서열 자동분석기술의 모태가 되는 다이데옥시 염기서열 분석법을 개발한 생어는, 이 분석법으로 파이엑스174φX174라는 박테리오파지의 DNA 속 5,375개 염기서열을 인류 최초로 모두 읽어냈다.[2] DNA 염기서열 분석법을 개발하고 염기서열을 읽는 선구적 연구 업적 덕분에 생어는 1980년 폴 버그Paul Berg, 월터 길버트와 함께 자신의 두 번째인 노벨 화학상 메달을 목에 거는 영광을 안았다. 생어는 인슐린 단백질 아미노산 서열을 최초로 해독한 공로로 이미 1958년에 노벨 화학상을 받은 상황이었다. 그리고 파이엑스174 파지게놈을 해독한 지 4년 후인 1981년, 생어 연구진은 16,569 염기쌍으로 이루어진 인간의 미토콘드리아게놈 해독에도 성공함으로써 인간게놈 연구의 토대를 마련했다.

파이엑스174 파지는 대장균을 공격하는 바이러스다. 그런데 생어는 하필이면 왜 이 바이러스를 택했을까? 게놈 크기가 작고 그 유전자지도가 이미 알려져 있었기 때문일 것이다. 그러나 정작 파이엑스174 유전자지도를 완성한 과학자는 생어가 아니라 미국 캘리포니아주립대학교 샌타크루즈캠퍼스의 로버트 신세이머Robert Sinsheimer다.

신세이머는 생어의 연구를 발판으로 생물학을 크게 도약시키자는 야심을 품고 캘리포니아주립대학교 샌타크루즈캠퍼스 총장에게 인간게놈 분석 연구소 설립을 제안했다. 그의 주장이 관철되지는 않았지만, 신세이머는 굴하지 않고 1985년에 인간게놈을 해석하기 위한 워크숍을 주관했다. 인간게놈에 대한 지식이 생물학은 물론이고 의과학에 귀중한 자원이 될 것이라는 확신과 함께, 1965년에 창립해서 당시로서는 신생 캠퍼스였던 샌타크루즈를 획기적으로 발전시키려는 뜻도 있었다.

역사를 통해서 알 수 있듯이 앞서가는 생각은 보통 반대에 부딪치곤한다. 신세이머의 야심 찬 계획도 그랬다. 무엇보다도 투자 대비 효용성과 실현 가능성에 대한 과학계의 회의적인 태도가 큰 걸림돌이었다. 염기서열 1개를 분석하는 데 1달러 정도가 들던 시절이라 약 30억 염기쌍(DNA는 두 가닥이다)에 달하는 인간게놈을 모두 읽어내려면, 단순히 계산해도 최소 30억 달러의 예산이 필요했다. 한화로 3조 9,000억 원이 넘는 어마어마한 금액이다. 게다가 원활하게 연구를 수행하기 위한 제반 운영비까지 고려하면 가히 천문학적인 비용이 필요하고, 대규모 연구 인력을 투입해야 하는 프로젝트니 반대할 근거는 나름대로 충분했다. 이런 상황에서 분자생물학계에 혜성처럼 나타난 신예 캐리 멀리스Kary Mullis와 살아 있는 전설 왓슨이 반전의 물꼬를 텄다.

다이데옥시 염기서열 분석법이 개발된 초기에는 재조합 플라스미드를 제작해서 표적 DNA를 클로닝했다. 지금은 1983년에 개발된 중합효소연쇄반응polymerase chain reactions, PCR을 기반으로 유전자클로닝을 혁신적으로 신속하고 정확하게 경제적으로 수행할 수 있다. PCR은 극소량의 유전물질에서 원하는 표적 유전자를 인위적으로 복제한 다음 수십만 배로 증폭하는 기술이다. 신속하고 정확한 코로나바이러스감염증-19 진단검사도 PCR 덕분에 가능하다.

PCR은 크게 이중나선 분리, 프라이머 결합, DNA 합성의 3단계로 이루어진다. DNA 복제를 시작하려면 먼저 이중나선의 두 가닥을 분리해야 한다. 전문적으로 말하면 상보적인 염기 결합을 끊고 해당 염기를 복제효소에 노출해야 한다. 멀리스는 이 과정에서 시험관 안에 섭씨 90도 이상의 열을 가해주기만 하면 DNA를 쉽게 외가닥으로 분리하고, 온도를 낮춰 프라이머를 붙일 수 있는 방법을 고안해냈다.

다만 뉴클레오타이드의 3번 탄소에 있는 수산기에만 새로운 뉴클레오타이드를 추가할 수 있는 DNA 중합효소polymerase의 특성 때문에 프라이머가 필요하다. 프라이머는 크게 두 가지로 나눌 수 있다. 먼저 '유니버설 프라이머universal primer'는 다양한 벡터에서 흔히 발견되는 염기서열 부위를 대상으로 제작한다. 대표적으로 재조합 플라스미드에 들어 있는 DNA 조각을 증폭시키는 데 사용된다. 때로는 프라이머의 특정 부위에 서로 다른 염기가 무작위로 들어가도록 합성해서 사용하기도 한다. 이를 '퇴화한 프라이머degenerate primer'라고 하는데, 이는 염기서열이 비슷하지만 똑같지는 않은 여러 프라이머의 혼합물이다. 경우의 수를 늘려 미지의 표적 DNA에 프라이머를 결합시키기 위해 사용한다. 멀리스는 이렇게 외가닥으로 분리된 DNA에 프라이머와 DNA 중합효소를 인위적으로 넣어주면 원하는 DNA를 얼마든지 복제할 수 있다는 사실을 알아냈다.

PCR 반응의 핵심은 높은 온도에서도 파괴되지 않고 기능할 수 있는 DNA 중합효소다. 이 효소는 온천물처럼 뜨거운 환경에 살고 있는 호열성세균thermophilic bacteria에서 얻는다. 현재 널리 사용되는 Taq DNA 중합효소는 테르무스 아쿠아티쿠스*Thermus aquaticus*라는 세균에서 분리해낸 것이다. '열'을 뜻하는 그리스어 thermos와 '물'을 뜻하는 라틴어 aqua에서 유래한 이름으로 불리는 이 세균은 1966년에 미국 옐로스톤공원의 온천수에서 발견했다. Taq는 이 세균의 속명 첫 글자인 T와 종명 두 글자인 aq를 합친 것이다.

PCR을 적용하면서 다이데옥시 염기서열 분석법의 수행 속도와 정확도가 크게 향상되었다. 여기에 더해 각각 다른 색의 형광염료로 표지된 다이데옥시뉴클레오타이드가 개발됨으로써, 시험관 1개에 네 가지 사슬종결자를 모두 넣어 DNA 합성반응을 수행할 수 있게 되었다.

이를 바탕으로 미국 생명공학회사 어플라이드바이오시스템즈Applied Biosystems, Inc., ABI 연구진이 다이데옥시 염기서열 분석법 자동화의 돌파구를 열었다.

1987년에 처음 선보인 DNA 염기서열 자동분석기 ABI370은 방사성동위원소 대신 형광염료로 표지된 DNA 조각을 레이저로 탐지한다. 다시 말해 합성된 각 DNA 시료가 전기영동 겔 말단을 지날 때, DNA 길이에 따라 분리되는 형광색 정보는 각 색깔에 해당하는 뉴클레오타이드로 전환되어 컴퓨터에 저장된다. 이후 기존 '평판 겔slab gel'이 '모세관 겔capillary gel'로 바뀌면서 1세대 DNA 염기서열 자동분석기술은 HGP 완성에 견인차 역할을 했다.

멀리스는 PCR 기술을 개발한 공로로 1993년 노벨 화학상을 공동 수상했다. 그와 함께 영광을 안은 마이클 스미스Michael Smith는 DNA 돌연변이 유발법을 개발한 과학자였다.

멀리스가 개발한 PCR 기술에 힘입어 탄생한 1세대 염기서열 분석법 덕분에 DNA 염기서열 분석이 획기적으로 쉬워진 상황에서, 왓슨이 HGP 책임자로 낙점되자 희망적인 목소리가 나오기 시작했다. 이에 더해 미국 경제가 호황을 맞으며 바이오 벤처가 유망한 투자 대상으로 주목을 받자 연구 비용 문제도 자연스레 해결되었다. 이렇게 인간게놈을 해석할 수 있는 연구 환경이 안팎으로 조성되면서 많은 과학자가 모여들었고, 드디어 1988년에 HGP를 추진한다는 계획이 공표되었다.

1990년에 NIH를 중심으로 구성된 다국적 연구 컨소시엄 HGP라는

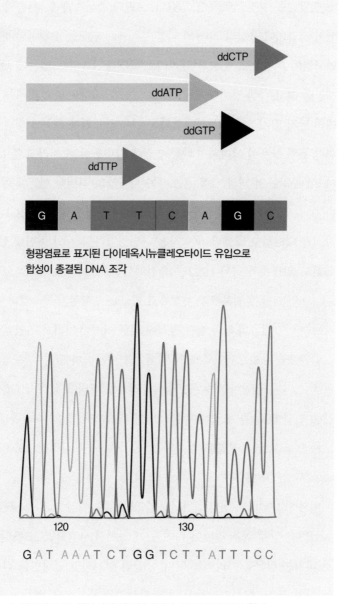

형광염료로 표지된 다이데옥시뉴클레오타이드 유입으로
합성이 종결된 DNA 조각

| 그림 3-7 | **최초의 DNA 염기서열 자동분석기인 ABI370의 작동 원리**

배는 왓슨을 선장으로 닻을 올렸다. 그런데 출범 1년 후, 왓슨의 리더십이 시험대에 올랐다. NIH의 다른 부서에서 연구를 수행하던 벤터의 연구진이 처음으로 분석한 유전자로 특허출원을 시도했는데 왓슨이 제동을 걸고 나선 것이다. 왓슨은, 그 기능을 제대로 알지 못하는 상태에서 단지 염기서열만을 분석했다는 이유로 유전자 특허를 내면 정보의 공유와 활용이 어려워져 다른 연구에 걸림돌이 될 거라고 쓴소리했다. 이 주장은 벤터와 그를 옹호하는 사람들의 격렬한 반론에 부딪혔다. 아쉽게도 왓슨은 이 갈등을 봉합하는 데 실패했고, 결국 HGP호 선장직을 내려놓고 말았다. 후임자는 콜린스였다. 갈등의 중심에 있었던 벤터도 NIH에서 나와 1992년 유전체학연구소The Institute For Genomic Research, TIGR를 설립하고 독자적으로 연구를 수행하기 시작했다. 그 배경에는 인간게놈의 해독 접근 방식에 대한 이견이 자리하고 있었다.

인간게놈은 총 23쌍(46개)의 염색체로 이루어져 있다. 정확히는 여기에 생어가 규명한 미토콘드리아 DNA를 더해야 한다. HGP 연구진은 인간 DNA를 조각내어 클로닝한 다음 순서를 정해서 유전자지도를 만들고 염기서열을 결정하는 '순차적 서열 결정법clone-by-clone sequencing'을 택했다.

이와 달리 벤터는 '산탄 염기서열 결정법shotgun sequencing'을 제안했다.

산탄은 안에 작은 탄알이 많이 들어 있어서 사격하면 그 탄알이 퍼져 터지는 탄환을 가리키는 말이다. 산탄 염기서열 결정법은 긴 DNA를 잘라 짧은 DNA로 만들어 그 염기서열을 분석하고, 겹치는 부분을 컴퓨터 소프트웨어를 이용해 연결해서 본래의 긴 DNA 염기서열로 다

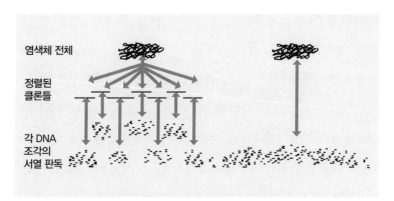

| 그림 3-8 | **순차적 서열 결정법(왼쪽)과 산탄 염기서열 결정법(오른쪽)**

시 조립하는 방법이다. 벤터는 순차적 서열 결정법에 시간과 비용이 너무 많이 든다고 생각했고, HGP 과학자 대부분은 산탄 염기서열 결정법이 과학적이지 않은 무모한 시도라고 여겼다.

하지만 벤터는 DNA 염기서열 자동분석기술의 역량과 발전 가능성을 확신했기 때문에 자신의 길을 고집했고, 마침내 1995년 '헤모필루스 인플루엔자*Haemophilus influenzae*'의 게놈을 완전히 해독함으로써 산탄 염기서열 결정법의 효용성을 여실히 입증했다.[3] 이 세균은 1892년 독감에 걸린 환자의 비말에서 처음으로 분리되어 세상에 알려졌다. 그런데 우여곡절 끝에 독감 원인균으로 잘못 알려져 1920년에 이러한 학명이 붙었다. 독감은 이 세균이 아니라 인플루엔자바이러스가 일으킨다. 어쨌든 헤모필루스 인플루엔자는 인류가 최초로 게놈 해독에 성공한 생명체고, 이 기념비적인 성과 덕분에 다국적 HGP 연구진이 산탄 염기서열 결정법을 받아들이게 되었다.

힘을 얻은 벤터는 의료기기 회사 퍼킨엘머PerkinElmer의 지원을 받아

1998년에 TIGR을 셀레라지노믹스라는 바이오 벤처기업으로 탈바꿈했다. '재촉하다' 또는 '빨리 가다'를 뜻하는 라틴어 celera를 붙인 회사명에 걸맞게 벤터는 "문제는 속도다. 발견은 기다리지 않는다Speed matters. Discovery can't wait"라는 문구를 기업 신조로 내걸고 다국적 HGP 연구진과 치열한 경쟁 구도를 만들었다. 여기에 자존심 대결까지 더해져 두 연구 그룹 사이의 경쟁은 점입가경으로 치달았다. 벤터는 매일 게놈 해독 정보를 업데이트하고 공공 데이터베이스에 등록하자는 다국적 HGP 연구진의 의견에 반대했고, 이들은 공개적으로 논쟁을 벌였다. 결국 당시 미국 대통령인 클린턴까지 나서 화해와 협력을 종용한 다음에야 둘은 손을 잡았다. 그리고 두 연구진의 한 치 양보 없는 경쟁은 2005년을 목표로 했던 HGP 완료를 2년이나 앞당기는 뜻밖의 결과를 낳았다. 다국적 HGP와 셀레라지노믹스 연구진은 각각 2001년 2월 15과 16일에 저명한 학술지 《네이처》[4]와 《사이언스Science》[5]에 연구 보고서 초안을 발표했다.

시작의 끝, 포스트게놈 시대의 도래

생물학은 인간게놈 초안을 손에 넣으며 아주 특별하게 새천년을 맞이했다. 그리고 DNA 구조 규명 50주년을 축하하듯, 2003년 4월 14일에 미국 국립 인간게놈연구소는 다국적 HGP 연구진과 함께 염기서열 해독 완성본을 공개하면서 HGP의 완료를 공식 선언했다. DNA 구조를 밝혀낸 지 반세기 만에 인간 DNA를 이루는 약 30억 개의 염기쌍을 모두 해독하는 개가를 올린 것이다. 30억 개의 알파벳으로 쓴 총 23장(인간 염색체 수는 23쌍)으로 구성된 책 한 권을 완독한 것으로 비유할 수 있으며 포스트게놈 시대post-genome era의 서막을 여는 사건이었다. 이를 기념해서 세계 여러 나라에서 특별 우표를 발행했다. 영국 우표에는 '게놈, 시작의 끝'이라는 짧지만 의미심장한 문구가 들어갔다. 진짜 시작은 이제부터임을 암시하는 문장이었다. 과학은 이내 이를 현실화했다. 생명공학과 정보기술의 눈부신 발전과 융합을 통해 '차세대 염기서열 분석next-generation sequencing, NGS'이 개발된 것이다. 이윽고 이 신기술은 HGP 목표 조기 달성을 가능케 했던 1세대 염기서열 분석법을 밀어내고 중심에 섰다.

NGS는 다이데옥시 염기서열 분석법과는 비교할 수 없을 만큼 대량으로 염기서열을 읽어내는 신기술이다. NGS 개발의 마중물 역할을 한 것은 파이로시퀀싱pyrosequencing이다. 스웨덴 스톡홀름왕립공과대학교의 팔 니렌Pål Nyrén은 1986년 1월의 어느 날 자전거를 타고 퇴근하다가 문득 이런 아이디어가 떠올랐다고 한다.[6] 세포는 뉴클레오타이드를 하나씩 추가하면서 DNA를 합성한다. 그리고 이렇게 한 땀씩 결합할 때마다 파이로인산pyrophosphate이 떨어져 나온다. 니렌은 이를 토대로 DNA 합성 과정에서 발생하는 인산기를 탐지해 염기서열을 알아낼 수 있다고 생각했고, 10년에 걸친 연구 끝에 1996년이 되어서야 기술 개발에 성공했다.

이 신기술은 아주 작은 구슬에 DNA 외가닥을 고정하는 것으로 시

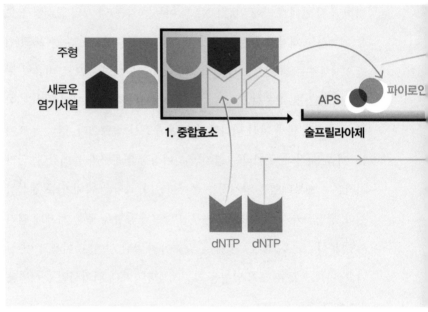

| 그림 3-9 | **파이로시퀀싱 원리**

작한다. 그다음에는 뉴클레오타이드를 하나씩 순차적으로 공급하면
서 이것이 DNA 합성에 사용되는지를 확인한다. 공급한 뉴클레오타이
드가 마주하는 주형 DNA 염기에 결합하면 파이로인산이 떨어져 나온
다. 예를 들어 dATP를 넣었는데 파이로인산이 생기면 해당 염기가 아
데닌(A)이라는 뜻이다. 이렇게 발생하는 파이로인산은 일련의 화학반
응을 거쳐서 빛을 내는데, 이를 감지하면 해당 염기서열을 읽을 수 있
다. 만약 빛이 나오지 않는다면 그 염기가 아니다. 그러면 반응물을 씻
어내고 나머지 뉴클레오타이드를 차례로 공급하면서 빛이 나는지를
확인한다. 이런 과정을 반복하면서 DNA 합성을 진행하면 구슬에 붙
어 있는 표적 DNA의 염기서열을 읽어낼 수 있다.

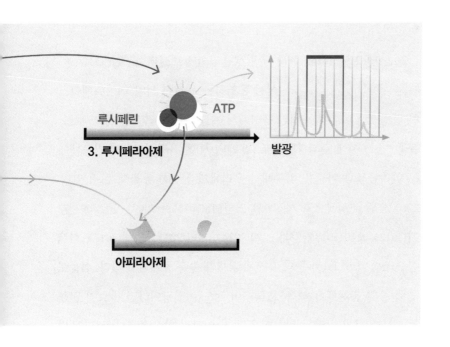

ATP

루시페린

3. 루시페라아제

발광

아피라아제

2004년에 454라이프사이언스454 Life Sciences가 세계 최초로 파이로 시퀀싱 기술을 장착한 NGS 장비인 GS20를 시판했다. 이 첫 NGS 장비는 왓슨의 게놈을 불과 4개월 만에 150만 달러, 당시 환율 기준으로는 한화 약 15억 원을 들여 해독해냈다.[7] 총 13년에 걸쳐 38억 달러, 당시 환율 기준으로 한화 약 4조 원에 달하는 예산이 들어간 HGP와 비교해볼 때 GS20의 능력은 시쳇말로 '넘사벽'이었다. 하지만 이 장비도 얼마 지나지 않아 또 다른 신제품에 밀려났고, NGS 기술은 하루가 다르게 발전하고 있다. 심지어 2008년 즈음부터는 반도체 기술의 압도적인 발전을 상징하는 무어의 법칙Moore's Law을 뛰어넘는 속도로 게놈 해독 시간과 비용을 줄이면서 '100달러 게놈 해독 시대' 진입을 눈앞에 두고 있다.

2023년 2월, NIH 산하 국립생물공학정보센터National Center for Biotechnology Information, NCBI에서 운영하는 유전체 서열 데이터베이스인 진뱅크GenBank에 공개된 생명체의 게놈 수는 무려 8만 개(진핵생물 유래 2만 7,000개, 원핵생물 유래 5만 2,000개)에 육박한다.[8] 이 가운데에는 반려동물과 가축을 비롯해서 우리에게 친숙한 동물도 많이 있다. 2004년 닭을 시작으로 개(2005), 고양이(2007), 소(2009), 말(2009), 돼지(2012), 오리(2013), 양과 토끼(2014), 치타(2015), 늑대(2017), 회색 곰(2018), 기린(2019) 등의 유전체 정보가 속속 공개되고 있다. 식물도 수백 종의 유전체가 해독되었다. 이 정도 독서량이라면 마르지 않는 호기심과 지치지 않는 탐구심을 가진 인간의 마음속에서 '생명체'라는 책의 '독자'를 넘어서 '작가'가 되고 싶은 욕망이 피어날 법하지 않은가? 실제로 그러했다.

HGP 완료에 크게 이바지했던 벤터가 이끄는 연구진은 2010년 5월

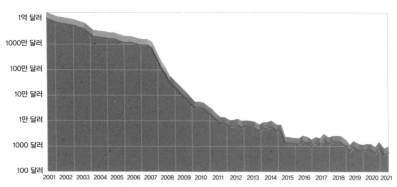

| 그림 3-10 | **인간게놈 1개당 분석 비용**[9]

에 〈화학 합성 유전체가 통제하는 세균의 창조Creation of a Bacterial Cell Controlled by a Chemically Synthesized Genome〉라는 제목의 논문을 발표해 세간의 이목을 끌었다.[10] 이들은 마이코플라스마Mycoplasma 세균 속을 연구 대상으로 삼았다. 이에 포함되는 세균들이 지금까지 알려진 생물 중에서 가장 작고 단순한 자기복제 개체이며 게놈의 크기도 작기 때문이다. 어떤 종에는 유전자가 단 500여 개밖에 없으며, 이 가운데 생존과 번식에 필요한 최소 유전자 개수는 265~350개 정도다. 연구진은 데이터베이스에 등록된 '마이코플라스마 마이코이데스Mycoplasma mycoides'의 게놈 정보에 따라 이 게놈 전체를 인공으로 합성했다. 그러고 나서 다른 종인 '마이코플라스마 카프리콜룸Mycoplasma capricolum'에서 원래 있던 DNA를 제거한 자리에 합성한 게놈을 집어넣었다.

이렇게 만들어진 새로운 생명체인 '마이코플라스마 마이코이데스 JCVI-syn1.0'는 물질대사와 자기복제 등 정상적인 생명체의 기능을 수행했고, 모든 면에서 게놈의 원주인인 마이코플라스마 마이코이데스와 차이가 없었다. 비록 세포질은 합성하지 않았지만 연구진은 JCVI-syn1.0을 합성세포synthetic cell라고 지칭했다. 게놈을 이식해서 세균의 종을 바꿔 놓은 것이다. 바야흐로 원하는 게놈을 설계하고 합성해서 다른 생명체에 이식하면 맞춤형 생명체를 만들 수 있는 길이 열렸다. 벤터는 2013년《월스트리트저널The Wall Street Journal》과의 인터뷰에서 인간도 지구상의 다른 모든 생물과 같이 소프트웨어로 작동하는 종이며, JCVI-syn1.0 연구의 핵심은 소프트웨어를 바꾸면 종을 바꿀 수 있음을 보여준 것이라고 말했다.

생명시스템 연구는 DNA로 완결되지 않는다

'발견과학'인 생물학에서는 관찰과 실험을 할 수 있는 생명현상에 근거해서 생물의 특성을 탐구한다. 이 과정에서 생명현상을 더 잘 이해하기 위해 생명시스템을 구성하는 각각의 부분들로 나누어 분석한다. 이러한 분자생물학의 환원적 분석법으로 생명현상은 상당 부분 해명됐다. 하지만 이렇게 획득한 지식이 특정한 분석 방법으로 알아낸 사실이라는 점도 간과하지 말아야 한다. 앞서 서문에서 언급한 대로 2004년 저명한 미국 미생물학자 칼 우즈는 〈새로운 세기를 위한 새로운 생물학A New Biology for a New Century〉이라는 제목으로 발표한 논문에서, 분자생물학에서 사용하는 환원주의를 철학적으로 성찰했다.[11]

유전자는 시스템 안팎을 오가는 다양한 신호들과 얽혀 네트워크를 이룬다. 따라서 DNA를 해독하는 것만으로는 생명현상을 밝힐 수 없다. 우즈는 분자생물학을 악보에 기재된 음표를 읽을 수는 있지만 아직 음악을 들을 수는 없는 상태에 비유했다. 고립된 실체의 일부분(DNA)만 아는 것으로는 생명현상을 온전히 이해할 수 없다는 뜻이다. 분자생물학이 눈부신 성과를 이뤘지만 아직도 생명현상을 제대로 포착하지는 못하고 있음을 솔직하게 인정한 셈이다. 권위 있는 생물학자의 20년 전 고백이 여전히 큰 울림을 준다. 오늘날 생물학은 DNA로 환원할 수 있는 단순한 지식체계가 아니기 때문이다.

21세기 생물학은 분자 수준에서 벗어나 시스템 수준으로 연구 범위를 넓히고 있다. 시스템생물학은 수준별로 수많은 유전자와 단백질, 화합물 사이를 오가는 상호작용 네트워크를 규명해서 생명현상을 이해하려고 한다. 이렇게 환원주의적 연구의 한계를 극복하는 데는 HGP 사업 이후 급속히 발전하고 있는 오믹스omics 기술이 큰 몫을 담당한다. 전체를 뜻하는 접미사 -ome과 학문을 뜻하는 접미사 -ics가 합쳐진 오믹스는 개별 유전자와 단백질, 대사물질을 대상으로 하는 연구에 대비해서, 모든 데이터를 통합해 연구를 수행하는 전체론적 생물학 연구라고 할 수 있다(그림 3-11 참조).

우즈는 앞의 논문에서 다음과 같이 역설한다.

> "과학은 두 가지 요인, 환원적 분석은 물론이고 전체론적 분석을 가능케 하는 '기술'과 미래를 보는 눈인 '가이딩 비전guiding vision'에 힘입어 발전한다. 기술이 없으면 과학은 한 걸음도 앞으로 나아갈 수 없다. 그러나 기술만으로는 우리가 어디로 가고 있는지, 아니 어디로 가야 하는지를 알 수 없다. 가이딩 비전이 절실한 이유다."

우즈의 이 주장에 나는 전적으로 동의한다. 그리고 이와 관련해 생물학이 앞으로 나아갈 방향에 대해서 때마침 앞에서 이야기했던 울산대학교 철학과 김동규 교수와 깊은 대화를 나눈 적이 있다. 그때 함께 도출한 결론을 소개하는 것으로 이번 장을 마무리한다.

> "두말할 나위 없이 현대는 과학의 시대다. 특히 생물학의 비약적인 발전이 자연은 물론이거니와 과학의 주체인 인간을 변형시킨다는 점에

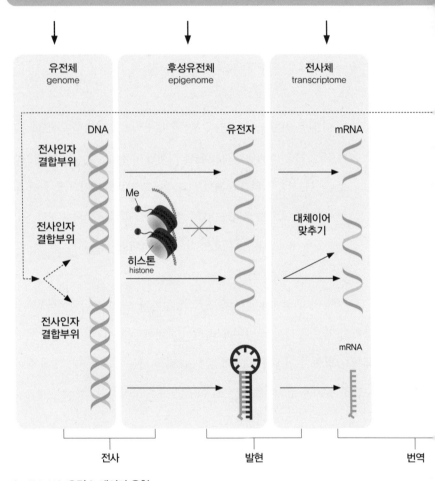

- 단일염기서열 다형성
  single nucleotide polymorphism
- 복제수 변이
  copy number variation
- 이형상실
  loss of heterozygosity
- 유전체 재배열
  genomic rearrangement
- 희귀 변이
  rare variant

- DNA메틸화
  DNA methylation
- 히스톤 변형
  histone modification
- 염색질 접근성
  chromatin accessibility
- 전사인자 결합
  TR binding
- mRNA

- 유전자 발현
- 대체이어맞추기
  alternative splicing
- lnc RNA
  long non-coding RNA
- 소형 RNA
  small RNA

유전체
genome

후성유전체
epigenome

전사체
transcriptome

DNA

전사인자
결합부위

전사인자
결합부위

전사인자
결합부위

Me

히스톤
histone

유전자

mRNA

대체이어
맞추기

mRNA

전사

발현

번역

| 그림 3-11 | **오믹스 데이터 유형**

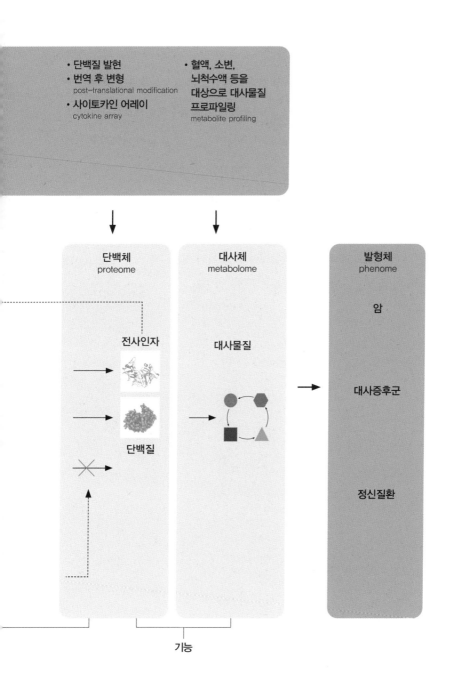

- 단백질 발현
- 번역 후 변형
  post-translational modification
- 사이토카인 어레이
  cytokine array
- 혈액, 소변, 뇌척수액 등을 대상으로 대사물질 프로파일링
  metabolite profiling

단백체
proteome

대사체
metabolome

발형체
phenome

전사인자

대사물질

암

단백질

대사증후군

정신질환

기능

서, 생물학은 미래 과학의 주도권을 선점하고 있다. 좁게는 학문 제반에, 넓게는 사회, 문화, 문명 그리고 자연 전체에 상상할 수 없을 정도로 크나큰 영향력을 미치게 된 생물학은 이제 융합학문으로서의 기반을 견고하게 다질 필요가 있다. 생물학은 다른 학문과 함께 과학의 비전을 성찰해야 한다. 바다처럼 넓고 깊어야만 큰 배를 띄울 수 있듯이, 현재의 영향력과 미래 잠재성에 비추어볼 때 생물학은 새로운 만남을 위한 준비가 되어 있으며 또 만나야만 한다. 타 학문에게도 생물학과의 만남은 필요하다. 현재 가장 활력이 있는 지적 영역과의 창조적인 조우를 통해서 융합학문의 현실성과 미래를 담보할 수 있기 때문이다."[12]

미생물이 사람을 만든다,
휴먼마이크로바이옴프로젝트

오랜 전통을 자랑하는 경제 주간지《이코노미스트The Economist》의 2012년 8월 18일 자 표지는 이채롭다 못해 낯설다. 적어도 내게는 그렇다. 이 표지 일러스트에서는 천재 예술가 레오나르도 다빈치Leonardo da Vinci가 그린 소묘〈인체 비례도Vitruvian Man〉를 패러디해서 인간의 몸을 각종 미생물의 집합체로 표현했다. 1843년 영국 런던에서 창간한 이 잡지는 이름 그대로 경제나 이와 관련된 정치 문제를 주로 다루는데, 10년 전 그 표지를 미생물로 장식한 이유는 뭘까? 그 무렵 우리 몸에 사는 미생물을 총칭하는 휴먼마이크로바이옴Human Microbiome, 그중에서도 특히 신체 건강에 미치는 장내 미생물의 영향력이 과학적으로 밝혀졌기 때문이다.

각 생태계에는 고유한 미생물 무리가 있다. 그리고 생태학적 관점에서 보면 인체는 여러 미생물의 생태계로 이루어진 복합체다. 이렇게 우리 몸에 사는 미생물을 통틀어 휴먼마이크로바이옴이라고 하는데,

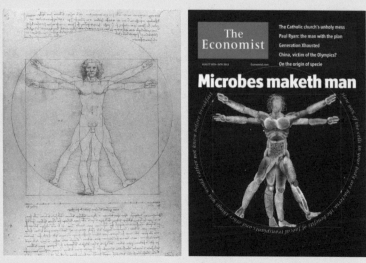

| 그림 3-12 | 레오나르도 다빈치의 〈인체 비례도〉(왼쪽)와 《이코노미스트》 표지(오른쪽)

2007년에 HGP에 이어 휴먼마이크로바이옴프로젝트Human Microbiome Project, HMP가 출범했다. NIH가 주도하는 이 대규모 연구사업은 우리 몸 안팎에 상시 거주하는 미생물 무리의 특성을 규명하는 것이 목표다. 구체적으로 첨단 DNA 염기서열 분석기술을 통해서 미생물 집단의 다양성과 기능을 제대로 파악하고, 이를 바탕으로 신체 건강 및 각종 질병과의 관련성 나아가서 인과성을 알아보려는 것이다.

우리 몸에 사는 미생물은 어떻게 연구할까?

세상은 온통 미생물로 둘러싸여 있다. 하지만 이 많은 미생물 가운데 전통적인 기술로 키울 수 있는 것은 고작 1퍼센트 남짓에 지나지 않는다. 마이크로바이옴 분석이 불가능하다는 뜻이다. 다행히 1998년에 이런 난제를 해결하는 돌파구를 찾았다. 미생물을 배양하지 않고 시료에서 직접 DNA를 추출해 그 정보를 분석하는 메타게노믹스metagenomics 기술이 개발된 것이다. 덕분에 단순히 미생물의 신상을 파악하는 데 그치지 않고 능력을 예측하는 수준까지는 어렵지 않게 도달했다. 그들이 누군지 알아내고 무엇을 할 수 있는지를 가늠할 수 있다는 얘기다.

지금까지 밝혀진 바에 따르면 동식물은 눈에 보이는 모습이 전부가 아니다. HMP 연구진은 건강한 자원자 240여 명을 대상으로 입속(구강), 콧속(비강), 피부, 대장, 생식기 등 여러 신체 부위에서 5,000개 이상의 시료를 채취해 미생물의 유전자 분석을 진행했다. 연구 결과, 총 1만 종 이상의 미생물이 인체에 살고 있음을 비롯해 새로운 사실이 속속 드러나고 있다. 인체에는 세균만 해도 37조 마리 정도 있고, 유전자로 눈을 돌리면 그 차이가 훨씬 더 커진다. 단백질을 만드는 것으로 확인된 유전자 수를 비교하면 세균이 360배나 더 많다.

이 세균들의 유전자는 우리 건강에는 물론이고 생존 자체에 필수다. 예컨대 우리가 먹는 음식을 소화하는 데 필요한 효소가 우리 몸에 모두 있는 것은 아니다. 다시 말해 장내 세균의 유전자에서 만들어지는 효소가 없다면, 음식물을 완전히 소화하지 못해 영양분을 제대로 흡수할 수 없다. 이게 다가 아니다. 장내 세균은 비타민과 항염증물질 등 우리 몸에 있는 유전자로는 만들 수 없는 여러 유익한 화합물을 만들어준다.

중요한 것은 미생물 자체가 아니라 이들의 유전자 또는 단백질이다. 예를 들어 건강한 장 속에는 지방을 소화하는 데 필요한 미생물이 항상 있다. 하지만 늘 같은 미생물이 이 임무를 수행할 필요는 없다. 생물학적으로 말해서 대사 기능이 중요한 것이지 그 역할을 담당하는 미생물이 어떤 종인지는 별 상관이 없다는 말이다. 단체운동에서 상황에 따라 선수 교체를 하는 것과 같은 이치다. 휴먼마이크로바이옴과 우리는 보통 조화로운 공생관계에 있는데, 이것이 신체 건강의 필요조건이다. 만약 휴먼마이크로바이옴이 교란되어 조화가 깨지면 건강에 적신호가 켜진다.

미생물에서 난치병 치료의 가능성을 발견하다

이제 장내 미생물을 비롯한 휴먼마이크로바이옴의 정체는 상당히 파악했고, 이를 바탕으로 그들의 정확한 기능을 규명하는 연구가 활발하게 진행 중이다. 이런 가운데 최근 '아커만시아 뮤시니필라Akkermansia muciniphila'라는 세균이 차세대 미생물 치료제 후보로 급부상하고 있다. 이름대로 이 세균은 뮤신mucin을 아주 좋아해서phila 장 점막에 보금자리가 있다. 인체의 입에서 항문까지 이어지는 소화관 내벽은 부드럽고 끈끈한 점막으로 덮여 있다. 점막은 끈끈한 액체(점액)를 분비해 조직 표면이 마르지 않게 할 뿐 아니라, 미생물을 가두어 감염을 예방하고 다양한 항균제를 분비하는 복합 방어기지다. 그리고 바로 뮤신이 점막의 이러한 기능을 유지하는 핵심 성분이다.

점막 미생물 무리의 다수를 차지하는 아커만시아 뮤시니필라는 다른 미생물보다 뮤신 분해 능력이 뛰어나다. 다시 말해 뮤신을 먹고 여러 가지 짧은사슬지방산short chain fatty acid(2~6개의 탄소원자로 이루어진 지방산)을 내놓는데, 이게 장 건강에 중요한 역할을 한다. 장내 pH 농도를 적절하게 유지해서 유익균은 번성하게 하고 병원균 성장은 억제할 뿐 아니라, 창자 내면을 덮고 있는 장관상피세포의 치유와 재생 그리고 점액 생성을 촉진한다. 2004년 건강한 사람의 분변에서 처음 분리된 이 세균은 일반인의 건강을 유지하는 것은 물론이고, 비만부터 제2형 당뇨병과 아토피에 이르기까지 여러 대사질환과 면역질환을 호전시키는 데 효과가 있는 것으로 밝혀지고 있다.

2022년에는 한국 연구진이, 아커만시아 뮤시니필라가 실험 쥐에서 아토피 증상을 완화한다는 연구 결과를 발표했다.[13] 연구진은 건강한 사람의 장내 미생물과 비교해 아토피 환자의 체내 아커만시아 뮤시니필라의 수가 적다는 실험 결과를 기반으로 연구를 시작했다. 연구 결과 아토피 동물 모델에서 이 세균의 치료 효과를 검증함으로써 마이크로바이옴 치료제 개발에 한 발짝 더 다가섰다고 설명했다.

앞서 소개한 《이코노미스트》 표지 그림에는 "미생물이 사람을 만든다Microbes maketh man"라는 문구가 쓰여 있다. 이 말을 듣고 영화 〈킹스맨The King's Man〉의 명대사 "매너가 사람을 만든다Manners maketh man"를 떠올리는 사람이 많을 듯하다. 이 격언의 원조는 중세 영국 이튼컬리지교장을 지낸 윌리엄 호먼William Horman으로 알려져 있다. 매너는 예절을 지키는 '방식'을 말한다. 종종 대중매체에 등장하는 '매너 손'을 떠올리면 이해하기 쉽다. 인사가 예절이라면 매너는 상황에 맞는 인사법이다. 같은 예절이라도 갖추는 방법이 때에 따라 달라진다는 얘기다. 생물학적 인간은 미생물이 완성한다. 그런데 그 방식 역시 사람에 따라 다르다. 휴먼마이크로바이옴을 활용한 치료제가 주목받는 가운데,

이 점을 잊지 않는다면 개인 맞춤형 치료제가 상용화될 날도 멀지 않아 보인다.

박멸의 대상에서 팬데믹 시대의 생존 지식으로

미생물

과거에 미생물은 박멸해야 하는 병원체에 불과했다.
지금의 우리는 어떻게 미생물을 연구하고 활용하게 되었을까?
그 답은 미생물의 무궁무진한 쓸모에 있다.

2020년은 코로나19 팬데믹으로 시작했다. 그리고 3년 넘게 전 세계가 이 감염병에 시달린 끝에 이제는 일상을 거의 회복해가고 있다. 그동안 어떤 나라는 락다운lock down을 시행해 시민들의 통행을 금지했고, 어떤 나라는 마스크를 낀 채 일상을 유지했다. 이렇게 문화 차이가 다른 일상을 만들어내기도 했지만, 공통적으로 코로나19 백신은 대부분의 나라에서 전 국민에게 접종했다.

2021년에 코로나19 백신 접종률이 가장 높았던 나라는 이스라엘이다. 이스라엘 보건부에 따르면 2021년 2월 15일에 인구 100명당 접종자 수를 기준으로 한 접종률이 76.5퍼센트였다. 이스라엘은 1월에 1일 9,000명 정도의 신규 확진자가 발생했는데, 접종률이 일정 수준을 넘어선 2월부터는 3,000~5,000명 수준으로 줄어들었다. 백신 접종률이 높았던 영국과 미국 역시 비슷한 속도로 신규 확진자 수가 줄어들었다. 돌파감염과 변이확산이 본격화되기 전의 수치기는 하지만 백신은 분명 감염병 확산을 억제하는 데 효과가 있었다고 평가받는다.

백신은 감염병에서 우리를 보호하는 든든한 경호원이다. 유감스럽지만 앞으로도 새로운 감염병이 발병할 테고 그때마다 우리는 백신을 빠르게 만들어 대처해야 한다. 과학은, 또 생물학은 어떻게 이렇게 우수한 호신용품을 만들어냈는가? 모든 것은 바이러스를 포함한 미생물과 감염병의 관계를 규명하는 데서 시작되었다.

미생물과의 전쟁이 황금기를 불러오다

인류는 17세기 중반에 미생물의 존재를 처음 알게 되었고, 19세기 후반에 이르러 그 영향력을 파악하기 시작했다. 하지만 이 과정에서 미생물학 선구자들은 미생물을 생명체가 아닌 병원체로 다뤘다. 미생물은 동식물처럼 인간과 함께할 수 있는 존재가 아니라 인간의 목숨을 호시탐탐 노리는 악마 같은 존재였고 박멸의 대상이었다. 미생물학은 미생물과의 전쟁을 통해서 발전해온 학문이었다.

1861년, 파스퇴르가 자연발생설을 완전히 타파한 사건은 생물학에서 두 가지 중요한 의미가 있다. 먼저 생물은 생물에서만 태어난다는 생물속생설이 확증되었다. 그리고 미생물이 부패나 감염병 따위를 일으킨다고 합리적으로 의심해 생물학이 한 단계 도약할 수 있는 발판이 되었다. 실제로 자연발생설을 사멸시킨 백조목 플라스크 실험 이후로 50여 년 동안 미생물에 관한 중요한 발견이 꼬리에 꼬리를 물고 이어졌다. 그 가운데 감염병을 예방하고 치료할 수 있는 길을 연 업적이 특히 눈길을 끈다. '미생물학 황금기'라고도 부르는 이 시기의 선두 주자는 단연코 파스퇴르였다.

1857년까지 발효는 화학반응이라고 여겨졌다. 화학자였던 파스퇴르는 발효가 효모를 통해 일어나는 생물학적 반응임을 밝히면서 미생물학자로 변신했다. 이후 그는 자연발생설을 타파하고(1861), 저온살균법을 개발하며(1864), 누에병의 원인을 규명하고 해결하는(1865) 등 눈부신 연구 성과를 연이어 내놓으며 명성을 쌓아갔다. 그러던 와중에 프랑스 황제 나폴레옹 3세가 그를 궁으로 불러 공로를 치하하고 지원을 약속했다. 이 자리에서 파스퇴르는 병을 일으키는 미생물을 찾아내고 없애는 것이 자신의 꿈이라고 말했다.

이런 발언의 배경에는 안타까운 개인사가 있다. 결혼 10주년이 되던 1859년에 이 전도유망한 과학자는 엄청난 시련을 겪었다. 아홉 살 난 큰딸이 장티푸스에 걸려 세상을 떠난 것이다. 세상에서 가장 큰 고통이 자식을 앞세우는 것이라고 하는데, 병마로 어여쁜 딸을 먼저 보낸 그의 심정이 어땠을까? 황제에게 말한 그 꿈은 과학자의 단순한 목표가 아니라 한 맺힌 아버지의 복수심이었을지도 모른다.

1876년에 탄저병으로 죽은 소의 사체에서 분리한 세균이 그 병의 원인이라는 사실이 밝혀졌다. 그러나 이를 밝힌 주인공은 파스퇴르가 아닌 독일 의사 로베르트 코흐Robert Koch였다. 당시로서는 이름 없는 연구자였던 코흐가 특정 미생물이 감염병의 원인이라는 '미생물 원인설'을 입증하며 혜성처럼 등장하자 학계는 놀라움에 들썩였다. 하지만 파스퇴르는 놀라움이 아니라 분노를 느꼈다. '최초' 타이틀 경쟁에서 밀린 아쉬움도 컸지만, 프랑스인인 파스퇴르는 승자가 독일인이라는 사실을 도저히 받아들일 수 없었기 때문이다.

파스퇴르는 잔 다르크Jeanne d'Arc에 버금가는 애국자였다. 나폴레

1857	루이 파스퇴르 – 발효 규명
1861	루이 파스퇴르 – 자연발생설 타파
1864	루이 파스퇴르 – 저온살균법 개발
1867	조지프 리스터 – 무균 외과수술 시작
1876	로베르트 코흐 – 미생물 원인설 입증
1879	알베르트 나이서 – 임균Neisseria gonorrhoeae 발견
1881	로베르트 코흐 – 순수배양 시작
	카를로스 핀레이 – 모기로 인한 황열병 감염설 주장
1882	로베르트 코흐 – 결핵균Mycobacterium tuberculosis 발견
	패니 헤세 – 우무배지 사용 제안
1883	로베르트 코흐 – 콜레라균Vibrio cholerae 발견
1884	엘리 메치니코프 – 면역반응을 하는 세포가 있다고 주장
	한스 그람 – 그람염색법 개발
	테오도어 에셰리히 – 대장균 발견
1887	율리우스 페트리 – 페트리접시(샬레) 고안
1889	기타사토 시바사부로 – 파상풍균Clostridium tetani 발견
1890	에밀 폰베링 – 디프테리아항독소diphtheria antitoxin 발견
	파울 에를리히 – 측쇄설side chain theory 주장
1892	세르게이 위노그라드스키 – 황순환sulfur cycle 발견
1898	시가 기요시 – 이질균Shigella dysenteriae 발견
1908	파울 에를리히 – 매독 치료제 개발
1910	카를루스 샤가스 – 크루스파동편모충Trypanosoma cruzi 발견
1911	프랜시스 라우스 – 종양 바이러스 발견

| 그림 4-1 | 미생물학의 황금기

옹 3세의 선전포고로 1870년에 프로이센(독일)과의 전쟁이 발발하자 파스퇴르는 쉰 살을 바라보는 늦은 나이에도 입대를 지원했다. 하지만 1868년에 앓았던 뇌졸중 후유증으로 거동이 불편했기 때문에 입대가 거부당했다. 파스퇴르의 간절한 바람과는 달리 프랑스는 반년 만에 참

루이 파스퇴르(1822~1895)

생명이 무생물에서 저절로 생겨나지 않는다는 것을 입증하다.

조지프 리스터(1827~1912)

페놀을 사용해 무균 상태에서 수술을 함으로써 미생물이
수술 부위 감염을 일으킨다는 것을 증명하다.

로베르트 코흐(1843~1910)

특정 미생물을 특정 질병과 연결하는 실험 단계를 확립하다.

패했을 뿐 아니라 50억 프랑이라는 거액의 배상금에 더해 영토 일부까
지 내주어야 했다. 알퐁스 도데Alphonse Daudet의 유명한 단편소설 〈마
지막 수업The Last Lesson〉에 나오는 알자스-로렌 지방이 바로 이때 내준
영토다. 1871년 파스퇴르는 3년 전에 받았던 프로이센의 본대학교 의

학 박사학위를 반납하며 "과학에는 국경이 없지만 과학자에게는 조국이 있다"라는 유명한 말을 남겼다.

반면에 코흐는 승전의 기쁨을 만끽하며 일상으로 돌아왔다. 군의관으로 참전했던 그는 전쟁이 끝나자 작은 도시 볼슈타인(현재 폴란드 영토)에 정착했다. 1872년부터는 공중보건의를 겸직하면서 보람된 시골 의사 생활을 여유롭게 이어갔다. 그 무렵 볼슈타인에는 탄저병이 만연했다. 코흐는 탄저병에 걸린 동물의 피를 현미경으로 관찰해 막대 모양 입자, 곧 탄저균이 병든 동물의 피에만 있다는 사실을 확인했다. 병으로 인해 특정 입자가 생겨났을 수도 있으므로 그 입자가 탄저병의 원인이라고 단정할 수는 없었다.

이에 코흐는 탄저병에 걸려 죽은 동물의 피를 뽑아서 건강한 실험동물에게 주사했다. 예상대로 그 동물은 탄저병으로 죽었다. 코흐는 여기서 그치지 않고 한발 더 나아갔다. 죽은 실험동물을 부검한 결과, 혈액뿐 아니라 장기에도 문제의 입자가 있음을 확인했다. 이어서 감염된 장기에서 뽑은 피를 또 다른 실험동물에게 주입했다. 결과는 마찬가지였다. 해당 동물은 죽었고 피 한 방울에 있던 소수의 입자는 그 수가 엄청나게 늘어나 동물의 온몸에 퍼져 있었다. 이것이 1876년에 코흐가 발표한 논문의 주요 내용이다.

코흐가 해결해야 할 다음 과제는 문제의 미생물을 분리해서 키워내는 순수배양pure culture이었다. 보통 순수배양은 콜로니colony 확보로 시작한다. 여기서 콜로니는 미생물 세포 1개가 세포분열을 거듭해 모인 미생물 무리를 가리키는 생물학 용어다. 미생물 세포 1개는 너무 작아서 보이지 않지만, 이들의 수가 어느 정도 많아지면 무리를 맨눈으로도 볼 수 있다. 코흐는 미생물 콜로니를 얻을 수 있는 쉽고 편리한 방법을 고안했다. 바로 스트리킹streaking이다. 여기서 스트리킹은 '알몸으로 길거리 달리기'를 가리키는 말이 아니다. 동사 스트리크streak에는 '기다란 자국을 내다' 또는 '줄무늬를 넣다'라는 뜻도 있다.

그림 4-2에서 보는 것처럼 금속 루프로 시료를 조금 묻혀 고체배지 표면 한쪽에 문지르면, 다시 말해 스트리킹하면 미생물이 배지 표면에 골고루 퍼진다. 이어서 비어 있는 다른 쪽으로 두 번, 세 번 줄을 그을수록 전달되는 미생물이 점점 줄어든다. 이렇게 스트리킹한 배지를 배양하면 미생물이 자라면서 콜로니가 보이기 시작한다. 처음 스트리킹한 부위에서는 미생물이 워낙 많아서 과밀 성장하기 때문에 개별 콜로니는 볼 수 없다. 하지만 다른 쪽으로 스트리킹을 진행할수록 점점 미생물 수가 줄어 결국 하나씩 떨어진 동그란 콜로니가 나타난다. 이처럼 고체배지는 미생물이 자라는 터전이다.

이러한 연구 성과는 코흐 혼자 힘으로 이루어낸 것은 아니었다.[1] 미생물을 제대로 배양하려면 물리적인 공간과 화학적 영양분을 동시에

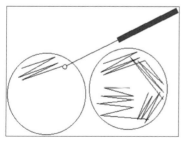

| 그림 4-2 | **스트리킹 방법과 그 결과**

제공해야 한다. 그러려면 영양분이 고루 섞인 액체배지를 굳혀 고체로 만들어야 하는데, 이 과정 때문에 코흐는 연구를 제대로 진행하지 못하고 있었다. 이때 뜻밖의 인물이 고민 해결사로 등장했다. 같이 일하던 연구원 월터 헤세Walther Hesse가, 집에서 과일 젤리를 만들 때 사용하는 우무(한천)를 한번 써보라는 아내 패니 헤세Fanny Hesse의 말을 전한 것이다.

우무는 우뭇가사리에서 뽑아내며 주성분은 탄수화물인데, 미생물 배양용 고체배지 제작에 딱 맞는 특성이 있다. 우무 가루를 물에 넣고 펄펄 끓이면 끈끈하고 투명한 풀처럼 된다. 이것을 섭씨 40도 정도까지 식히면 묵처럼 굳는다. 한번 굳은 우무는 거의 섭씨 100도에 이르기 전까지는 고체 상태를 그대로 유지한다. 그러므로 우무를 섞어서 고체배지를 만들면 온도에 영향을 받지 않고 미생물을 배양할 수 있다. 게다가 희한하게도 우무를 분해하는 미생물이 매우 드물다. 보통 천연물질은 미생물에게 좋은 먹이지만 우무는 예외다. 우무가 건강한 다이어트 식재료로 사랑받는 이유도 이 때문이다. 포만감을 주고 건강에 도움이 되는 식이섬유와 미네랄은 풍부하지만, 우리 몸도 역시 우무 자체를 소화해 칼로리를 얻지는 못한다.

이제 표적 미생물을 손쉽게 배양할 수 있게 된 코흐는 결핵(1882), 콜레라(1883) 원인균을 연이어 색출했고, 감염병의 인과관계를 확증할 수 있는 기준도 마련했다. 그 기준이 바로 코흐원칙Koch's postulate이며 그 내용은 다음과 같다.

1. 특정 감염병에 걸린 개체에는 특정 미생물이 있다.
2. 문제의 미생물을 인공배지에서 순수배양할 수 있다.
3. 순수배양한 표적 미생물을 건강한 실험동물에 감염시키면 같은 감염병이 유발된다.
4. 감염된 개체에서 분리한 문제의 미생물이 처음에 발견한 미생물과 같다는 것을 확인해야 한다.

감염병의 원인을 규명하기 위한 연구의 기준이 되는 코흐원칙 덕분에 이후로 수많은 감염병 원인균이 속속 확인되었다. 이렇게 미생물학의 기틀을 다진 코흐는 1905년에 노벨 생리의학상을 받았다. 지금도 코흐가 개발한 순수배양 기술은 전 세계 미생물학 실험실에서 그대로 사용하며, 코흐원칙 역시 여전히 역학조사에서 중요한 길잡이다. 기술과 지식이 진보하면서 몇 가지가 수정, 보완되기는 했다. 순수배양에서는 유리 접시와 금속 루프가 일회용 플라스틱 제품으로 바뀌었고, 코흐원칙에는 몇 가지 예외가 생겼다. 예를 들어 병원성 미생물이 자라는 조건은 아주 까다롭다. 바이러스를 비롯한 절대기생성 병원체는 숙주세포 내에서만 증식하기 때문에 인공배지에서 키울 수 없다.

19세기 후반에 이루어진 미생물학의 연구 업적은 아이러니한 결과를 낳기도 했다. 각각의 업적은 미생물학 발전의 추동력인 동시에 '미생물이 곧 병원체'라는 막연한 적개심을 키우고 미생물에 대한 부정적 이미지를 부각한 주된 원인이 되었기 때문이다. 물론 이는 미생물학 황금기를 이끌었던 선구자들이 의도한 결과가 아니었으며, 그들에게 책임을 묻는 것은 더더욱 아니다. 감염병 원인 규명과 치료가 최우선 과제였던 당시에는 미생물의 또 다른 모습에 관심을 가질 겨를이 없었다. 그런데 이런 와중에도 감염이 아니라 환경과 생태 관점에서 미생물을 탐구하는 학자가 있었다. 그를 만나러 풍차의 나라로 가보자.

박멸의 대상에서 연구 대상으로

17세기 중반 미생물의 존재를 최초로 발견한 레이우엔훅은 델프트에서 태어나고 활동했다. 당시 국가 경제의 중심지였던 이곳에 네덜란드에서 가장 오래되고 규모가 큰 국립 델프트공과대학교가 있다. 바로 이 대학교에 미생물학 황금기의 주류 학자들과는 달리 미생물을 병원체가 아닌 생물학, 특히 유전학과 생화학 연구 모델로 이해해야 한다고 주장한 인물이 있었다.[2] 1895년에 세균학부장으로 부임한 마르티누스 베이에링크Martinus Beijerinck가 그 주인공이다. 그는 취임 연설에서, 세균학 전공 책임을 맡기는 했지만 모든 미생물과 이와 관련된 기초 및 응용 연구를 추진할 것임을 분명히 밝혔다. 아울러 미생물 연구가 생명현상을 보편적으로 이해하는 데 매우 중요하다는 자신의 신념을 내비쳤다.

1921년, 일흔 살에 은퇴하기까지 베이에링크는 140편이 넘는 연구 논문을 발표했다. 그의 대표적인 업적으로는 1877년에 박사학위를 받았던 콩과식물 뿌리혹 연구를 들 수 있다. 베이에링크는 뿌리혹 안에

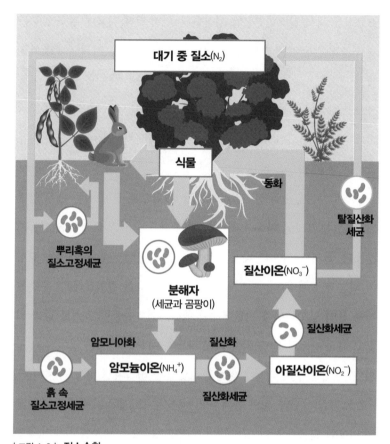

| 그림 4-3 | **질소순환**

살면서 공기에서 질소(N_2)를 취해 암모니아(NH_3)를 만드는 세균을 최초로 분리했다. 콩과식물은 뿌리 주변에 특정 화합물을 퍼뜨려 질소고정세균nitrogen fixing bacteria을 불러들인다. 세균 역시 화합물로 화답한다. 수락 신호가 접수되면 식물은 뿌리 모양을 바꾸고 손님 맞을 채비를 한다. 뿌리 안으로 세균이 들어오면 식물은 막으로 이들을 둘러싸서 나가지 못하게 한다. 그 안에서 세균은 잘 먹고 자라면서 열심히 질

소고정을 해서 질소화합물을 생산한다. 다시 말해 식물에 질소 영양분을 꾸준히 공급하는 것으로 보답한다. 식물과 질소고정세균이 조화롭게 공생하는 것이다. 베이에링크는 후속 연구를 통해 흙 속에서 독립적으로 살아가는 질소고정세균도 발견했다. 이들은 식물의 뿌리 근처에서 주로 발견되며, 초원과 숲, 툰드라 등지에서 식물에게 질소를 공급하는 데 큰 역할을 하고 있다.

질소분자는 2개의 질소원자가 삼중 결합으로 붙어 있는 매우 안정된 구조다. 그래서 반응성이 매우 낮기 때문에 쉽게 화합물을 만들지 않는다. 둘 사이가 너무나 돈독해서 다른 사람들과의 교제에는 관심이 없는 단짝과 같다. 질소고정세균은 이 견고한 결합을 끊고 수소원자를 붙여 암모니아를 만들어내야 한다. 이는 깐깐한 솔기를 한 땀씩 끊고 다시 새로운 땀을 떠야 하는 바느질 이상으로 힘든 일이다. 지구의 모든 생명이 이 과정에 의존하고 있음을 생각하면 미물微物이 미물美物로 느껴질 정도다. 비와 함께 내리치는 번개도 질소기체의 결합을 끊어 비옥한 빗물을 뿌리기는 한다. 하지만 질소고정세균에 비하면 생명에게 주는 도움은 그야말로 새 발의 피다. 질소고정세균이 만든 암모니아는 흙 속의 여러 세균에게 좋은 먹이가 된다. 우리가 밥을 먹고 나면 일을 보듯 이들은 질산이온(NO_3^-)을 내놓는다. 그러면 식물이 뿌리를 통해 이를 흡수해서 질소원을 충당한다.

베이에링크는 세균이 보여주는 다양한 대사능력을 환경조건에 적응하는 과정으로 이해하면서, 미생물학이 유전과 변이를 설명할 수 있는 새로운 과학, 곧 유전학 정립에 이바지할 것이라고 믿었다. 베이에링크의 뒤를 이은 알베르트 클루이버Albert Kluyver는 물질대사를 이루는 생화학적 과정에 생명의 통일성이 있다고 생각했다. 그래서 그는 미생물 연구를 통해 유전학을 정립하려는 연구보다는 화학과 생물학을 통합하는 원리를 찾는 연구에 주력했다. 이 때문에 미생물이 유전학 모델로 사용되기까지는 베이에링크가 예상했던 것보다 훨씬 더 오래 걸렸다. 물질대사란 생명체가 섭취한 양분에서 에너지와 물질을 얻고 사용하는 과정을 일컫는 생물학 용어다. 다시 말해 세포 내에서 일어나는 수천 가지의 화학반응과 물리적 활동을 가리키며, 한마디로 '세포 안에서 일어나는 물질과 에너지의 흐름'이라고 할 수 있다. 물질대사는 크게 분해 과정인 이화작용catabolism과 합성 과정인 동화작용anabolism으로 나뉜다. 이화작용에서는 고분자 화합물이 작은 조각으로 분해되면서 에너지가 만들어진다. 이렇게 생산된 에너지로 새로운 고분자 화합물을 합성하는 과정이 동화작용이다. 결국 이화작용과 동화작용은 에너지를 매개체로 긴밀하게 연결된다.

클루이버가 미생물을 생명현상 연구의 출발점으로 택한 이유는 미생물이 지구상에서 가장 다양한 물질대사를 수행하는 생명체이기 때문이다. 1926년 그는 자신의 연구에서 '코끼리부터 뷰티르산균Butyric acid bacteria에 이르기까지 물질대사는 똑같은 과정으로 이루어진다'는 것을 보여주겠다고 공언하기도 했다. 이 말은 대략 30년 후 자크 모노Jacques Monod가 "대장균에서 사실인 것은 코끼리에서도 사실이다"라는 경구로 각색해서 널리 알려졌으며, 초기 분자생물학 연구에 주요한 동기가 되었다.

베이에링크의 신념은 주변 과학자들에게 퍼져나가 '델프트 미생물학파Delft School of Microbiology'를 형성했다. 델프트공과대학교의 미생물학자로서 미국 스탠퍼드대학교 교수를 역임했던 로렌스 벡킹Lourens Becking은 1934년에 발표한 한 논문에서 "모든 것은 어디에나 있지만, 선택은 환경의 몫"이라고 주장했다. 소금기가 많은 염호에 사는 미생물 연구 결과를 토대로 이런 가설을 세우면서 그는 자기 생각의 절반을 베이에링크에게 빚지고 있다고 밝혔다. 또한 클루이버의 계보를 잇는 코르넬리스 반 니엘Cornelis van Niel은 스탠퍼드대학교에 재직하면서 미국에 델프트의 미생물학풍을 소개하고 알리는 전도사 역할을 했다. 실제로 니엘이 1938년에 개설해서 1962년까지 운영한 '일반미생물학' 강의는 세계 여러 나라 학생에게 큰 영향을 미쳤다. 그 수강생 가운데에는 세균유전학의 선구자 에스터 레더버그Esther Lederberg와 DNA 중합효소를 발견한 공로로 1959년 노벨 생리의학상을 받은 아서 콘버그Arthur Kornberg 등 걸출한 과학자가 여럿 포함되어 있다.

첨단 바이오 연구의 초석, 분자생물학의 탄생

1940년대로 접어들면서 과학자들은 유전적, 생화학적으로 미생물, 특히 세균(박테리아)의 장점을 발견하기 시작했다. 먼저 세균은 식물과 동물보다 훨씬 단순하다. 또한 이분법binary fission으로 빠르게 성장한다. 쉽게 말해서 세포가 어느 정도 크기로 자라면 둘로 나누어지는 것이다. 예를 들어 최적의 환경에서 대장균은 약 20분마다 한 번씩 세포 분열을 한다. 대장균 한 마리가 20분, 40분, 60분 후에는 2마리, 4마리, 8마리가 되는 것이다. 2의 거듭제곱으로 늘어나는데, 세대수가 거듭제곱의 횟수가 된다(2^3=8). 이 대장균에게 하루 24시간은 72세대이므로, 그 한 마리가 단 하루만 지나면 2^{72}마리, 47해가 훨씬 넘는(2^{72} = 4,722,366,482,869,650,000,000) 대장균 무리를 이루게 된다.

세균을 모델 시스템으로 이용하자 유전학은 급속히 발전하면서 생화학과 융합되기 시작했다. 때마침 물리학자들이 생물학 연구에 대거 가세하면서 더 심도 있게 융합되었다. 1947년에 서른을 갓 넘긴 물리학자 크릭이 생물학 연구에 본격적으로 뛰어들며 밝힌 포부가 이를 증명한다.

> "특히 제 관심을 자극하는 분야는 단백질, 바이러스, 박테리아, 염색체 등을 통해서 정의되는 생명과 비생명의 구분에 관한 것입니다. 제 목표는 — 비록 종착지는 아직 요원하지만 — 그 구조, 곧 그것들을 구성하는 원자의 공간적 배열을 통해서 그것들의 활동을 능력껏 기술해내는 것입니다. 이것을 우리는 생물학의 화학적 물리학이라고 부를 수 있겠습니다."[3]

그로부터 5년 뒤 크릭은 DNA 구조를 밝혀내는 주역이 되었고, 그가 제안했던 새로운 연구 분야는 분자생물학이라는 융합학문으로 자리 잡으면서 오늘날 첨단 바이오 연구의 초석이 되었다.

세포에서 일어나는 생명현상은 기본적으로 유전자발현, 곧 DNA 염기서열에 부호화되어 담겨 있는 정보를 읽어내는 과정이다. 이러한 정보는 두 단계를 거쳐 전달된다. 먼저 DNA에 있는 정보가 전령 RNAmessenger RNA, mRNA로 전해진 다음, 이 정보에 따라 세포질에서 단백질을 합성한다. 첫 단계(DNA → mRNA)를 전사transcription, 두 번째 단계(mRNA → 단백질)를 번역translation이라고 하며, 전체 과정을 중심원리central dogma라고 부른다.

《표준국어대사전》에서는 전사를 '글이나 그림 따위를 옮기어 베낌'이라고 풀이한다. DNA와 RNA는 화학성분과 구조가 기본적으로 같으므로 '전사'는 적확한 용어다. 한편 RNA로 복사된 유전정보가 단백질로 전환되는 과정은 4개의 염기(아데닌, 구아닌, 시토, 티민)로 된 DNA 언어가, 20개의 아미노산으로 이루어지는 단백질 언어로 바뀌는 과정이다. 따라서 '번역' 역시 탁월한 작명이다. 그런데 DNA에 저장된 유

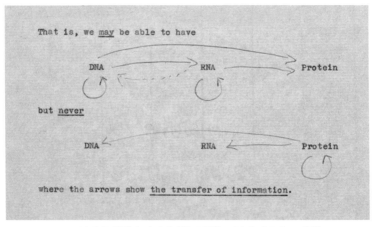

| 그림 4-4 | **1956년에 중심원리 아이디어를 요약한 크릭의 비공개 스케치**[4]

전정보가 단백질로 변하는 이 전체 과정을 가리키는 과학 용어로는 도 그마dogma라는 종교적 단어를 사용했다. 크릭은 도대체 왜 '독단적인 신념이나 학설' 또는 '이성적이고 논리적인 비판과 증명이 허용되지 않는 교리'를 뜻하는 이 단어를 선택했을까? 외부에 공개하지 않았던 1956년 크릭의 메모에서 그 답을 얻을 수 있다. 바로 유전정보의 흐름 이 일방통행이라는 사실을 강조하기 위해서였다. 이 생명 정보는 DNA 에서 단백질로 흘러 들어가기만 할 뿐 절대로 흐름을 거슬러 되돌아나 오지 않는다.

1957년 런던에서 열린 실험생물학회Society for Experimental Biology 심 포지엄에서 크릭은 '고분자의 생물학적 복제The Biological Replication of Macromolecules'라는 제목으로 역사적인 강연을 하면서 공식 석상에서는 처음으로 중심원리 가설을 발표했다. 당시 중심원리는 실험 증거에 기 반한 것이 아니라 논리적 추론에 근거한 가설이었다. 그 무렵 단백질 합성이 일어나는 동안 방사성동위원소로 표지한 아미노산이 처음에 는 항상 리보솜ribosome에서만 발견된다는 사실이 알려지면서, 크릭은 리보솜에 있는 RNA가 단백질을 만드는 주형일 것이라고 생각했다.

1950년대 중반에 처음 발견된 리보솜은 단백질합성이 일어나는 세 포소기관이며 단백질과 RNA(리보솜 RNA, rRNA)로 구성된다. 하지만 크릭이 DNA에 담긴 단백질정보를 RNA가 전하는 것으로 추론할 당시 에는 이런 사실이 밝혀지지 않은 상태였다. 놀랍게도 크릭은 세포질에 는 주형 RNA 외에 아미노산을 운반해오는 RNA가 있을 것이라고 주 장했다. 실제로 곧이어 세포질에서 새로운 RNA가 발견되었는데, 이것이 바로 '운반RNA tranfer RNA, tRNA'다. 하지만 정작 중심원리의 핵심 고리인 주형, 곧 mRNA는 여전히 베일에 가려진 상태였다.

생명체의 단백질은 보통 20개의 아미노산으로 이루어진다. 모든 단백질은 아미노산 개수와 조성 비율이 다를 뿐 모두 이 아미노산의 혼합체다. 문제는 DNA에 있는 4개의 염기로 서로 다른 20개의 아미노산 정보를 어떻게 감당할 수 있느냐다. 각 염기가 아미노산을 하나씩 지정한다면 16개의 아미노산에 해당하는 유전정보는 없어지기 때문에 단백질합성이 일어날 수 없다. 해결책은 3개의 인접한 뉴클레오타이드의 염기, 곧 코돈codon이 아미노산 1개를 담당하는 것이다. 이 경우 총 64개(4×4×4)의 서로 다른 조합이 만들어진다. 흥미롭게도 이러한 논리적 추론을 제안한 사람이 빅뱅이론으로 유명한 천재 물리학자 조지 가모브George Gamow였다.

가모브는 1953년에 왓슨과 크릭이 DNA 구조를 규명한 논문에서 영감을 받아 생명현상 연구를 시작했다고 한다. 그는 1954년 자신과 크릭, 왓슨을 포함해 생물학, 물리학, 화학 분야의 저명한 과학자 스무 명을 모아 RNA타이클럽RNA Tie Club을 결성하고 각 회원에게 아미노산의 이름으로 별명을 붙였다. 회원들은 RNA 무늬가 들어간 넥타이에 각자의 별명을 새긴 넥타이핀을 하고 모임에 참석해 친목을 나누며 담소를 나누었다. 한마디로 자유롭고 화기애애하게 진행되는 융합연구의 장이었다. 그는 이 클럽에서 코돈에 대한 아이디어를 냈고, 이를 바탕으로 여러 과학자가 유전부호 분석법에 대해 자유롭게 토론했다. 해독에 성공하지는 못했지만 그 이후 유전부호 해독은 생화학적 실험을

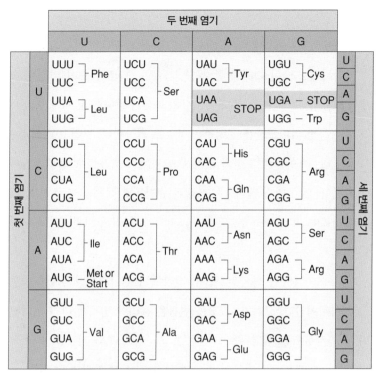

		두 번째 염기		

		U	C	A	G	
첫 번째 염기	U	UUU ⎤ Phe UUC ⎦ UUA ⎤ Leu UUG ⎦	UCU ⎤ UCC ⎥ Ser UCA ⎥ UCG ⎦	UAU ⎤ Tyr UAC ⎦ UAA ⎤ STOP UAG ⎦	UGU ⎤ Cys UGC ⎦ UGA ─ STOP UGG ─ Trp	U C A G
	C	CUU ⎤ CUC ⎥ Leu CUA ⎥ CUG ⎦	CCU ⎤ CCC ⎥ Pro CCA ⎥ CCG ⎦	CAU ⎤ His CAC ⎦ CAA ⎤ Gln CAG ⎦	CGU ⎤ CGC ⎥ Arg CGA ⎥ CGG ⎦	U C A G
	A	AUU ⎤ AUC ⎥ Ile AUA ⎦ AUG ─ Met or Start	ACU ⎤ ACC ⎥ Thr ACA ⎥ ACG ⎦	AAU ⎤ Asn AAC ⎦ AAA ⎤ Lys AAG ⎦	AGU ⎤ Ser AGC ⎦ AGA ⎤ Arg AGG ⎦	U C A G
	G	GUU ⎤ GUC ⎥ Val GUA ⎥ GUG ⎦	GCU ⎤ GCC ⎥ Ala GCA ⎥ GCG ⎦	GAU ⎤ Asp GAC ⎦ GAA ⎤ Glu GAG ⎦	GGU ⎤ GGC ⎥ Gly GGA ⎥ GGG ⎦	U C A G

| 그림 4-5 | **64개의 코돈이 담당하는 아미노산**

통해 이루어졌다.

1961년은 분자생물학 역사에서 기념비적인 해였다. 그토록 찾아 헤매던 mRNA가 마침내 발견되었고, 곧바로 유전부호가 해독되면서 중심원리가 입증되었다. 그런데 정작 중심원리 퍼즐 맞추기에 가장 중요한 조각인 mRNA를 발견한 업적으로는 아무도 노벨상을 받지 못했다. 워낙 많은 과학자의 연구 성과가 어우러져 쌓아 올린 금자탑이기 때문이다.[5] 반면 mRNA 합성을 통한 유전부호 해독은 상황이 달랐다. 1961년 NIH에서 연구를 수행하던 마셜 니런버그Marshall Nirenberg는 우라실(U)

만으로 이루어진 mRNA를 이용해 UUU가 페닐알라닌phenylalanine을 지정하는 유전부호임을 알아냈다. 이후 여러 연구자가 가세해서 염기가 정확하게 조합된 RNA를 합성하는 기술이 개발되었으며, 마침내 64개의 코돈이 각각 담당하는 아미노산의 종류가 밝혀졌다. 64개 중에서 61개는 특정 아미노산을 지정하는 부호로 기능한다. 그리고 나머지 3개에는 대응하는 아미노산이 없기 때문에 이 부호가 오면 단백질합성이 끝난다. 1968년 노벨 생리의학상은 유전부호 해독의 세 주역, 로버트 홀리Robert Holley와 하르 코라나Har Khorana 그리고 니런버그에게 주어졌다.

생명체는 다양한 화학원소들의 결합체이고 생명현상은 화학반응으로 이루어진다. 그리고 이 모든 현상은 물리학 법칙에 따라 일어난다. 분자생물학은 생명체를 구성하는 분자의 구조와 기능을 밝혀 생명현상을 이해하려는 학문이며, 크게 두 가지 분야로 나눌 수 있다. 분자의 구조를 중점적으로 연구하는 연구자들은 X선회절 같은 물리·화학적 연구방법을 이용해 단백질을 비롯한 정제된 생체분자의 입체구조conformation를 분자 간의 결합 양식으로 해석해냄으로써 생명현상을 이해하려고 한다. 한편 분자유전학자들은 유전자 구조를 바탕으로 생명현상을 탐구한다. 이러한 분자생물학적 관점에서 보면, 생명이란 같은 언어(DNA 염기서열)와 문법(유전부호)으로 이루어지는 정보의 흐름인 셈이다. 요컨대 유전부호인 코돈은 세균부터 인간에 이르기까지 모든 생명체에서 똑같이 사용된다. 다시 말해 중심원리는 모든 생명체의 생명 원리이고, 이는 지구상에 있는 모든 생명체에 똑같이 적용된다.

세포에게는 효율적인 스위치가 있다

1940년대 초반 모노는 포도당과 함께 다른 당을 공급한 상태에서 대장균을 키우면, 성장곡선이 2개의 상으로 나타나는 사실을 발견했다. 포도당이 소진되고 나서야 비로소 다른 당을 섭취하는 대장균의 편식 때문에 생기는 현상인데, 모노는 이를 '이원적 생장diauxic growth'이라고 했다.[6] 모노는 "효소적응enzyme adaptation, 곧 효소가 특정 대사물질에 반응하면 비활성 형태에서 활성 형태로 바뀐다"라는 가설을 적용해 이원적 생장을 이해하려고 했다. 그는 몇 년 동안 후속 연구를 하면서 젖당lactose이 대장균 세포 안으로 유입되면 젖당유도체로 변형되어 젖당분해효소, β-갈락토시다아제β-galactosidase(락타아제lactase)의 활성을 증가시킨다는 사실을 알아냈다. 그리고 궁극적으로 그 증가 원리와 이원적 생장의 관계를 밝히려 했다.

모노가 젖당 대사 연구에 매진하는 동안, 같은 건물(파스퇴르 연구소)의 다른 연구실에서는 앙드레 르보프Andre Lwoff라는 생물학자가 박테리오파지와 씨름하고 있었다. 르보프는 감염되자마자 세균을 파괴하는 파지가, 간혹 감염된 후에도 자기 DNA를 숙주 염색체에 삽입하고 무증상 상태로 잠복하는 경우도 있음을 발견했다. 더욱 흥미로운 사실은 파지가 특정 환경에서 자극을 받으면 염색체에서 떨어져 나와 활동을 재개한다는 점이었다.[7] 르보프가 파지의 이런 행동 변화 원리를 규명하기 위해 골몰하고 있을 때 프랑수아 자코브François Jacob가 실험실에 합류했다.

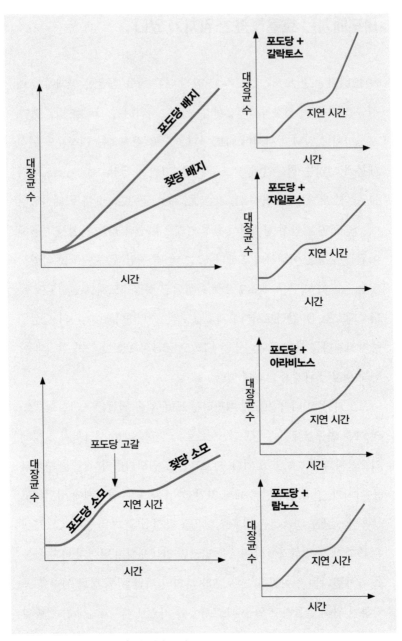

| 그림 4-6 | **대장균의 이원적 생장 곡선**

자코브는 몇 해 앞서 발견된 접합conjugation 현상을 이용해 실험을 시작했다.[8] 접합은 두 세균이 직접 접촉한 다음, 마치 우주선이 도킹하듯 두 세균 사이에 통로가 만들어지고 이 통로를 통해 한 세균에서 다른 세균으로 유전물질이 전달되는 방식이다. 접합 현상을 이용한 자코브의 이 실험에서, 잠복하고 있는 세균의 염색체가 감염되지 않은 세균에 들어가면 세균이 절반 정도 파괴되면서 파지가 생산되었다. 하지만 염색체가 반대 방향으로 전달되면 모든 세균이 멀쩡했다. 자코브와 연구진은 세포질에 있는 무언가가 이런 차이를 일으키는 것이라고 추측했다.[9] 또한 이들은 세균접합을 젖당 대사 연구에도 활용해서 β-갈락토시다아제 유전자(z)와 젖당투과효소 유전자(y) 그리고 이 효소들의 합성에 영향을 주는 유전자(i)의 존재를 확인했다.

1957년 캘리포니아대학교 버클리캠퍼스의 아서 파디Arthur Pardee가 모노의 실험실로 안식년을 보내러 왔다. 모노는 자코브, 파디와 함께 정상 유전자(z+, i+로 표시)를 지닌 대장균을 대상으로 돌연변이를 유도해 각 유전자를 변형시켰다(z-, i-로 표시). 그런 다음 이 돌연변이체에 세균접합을 이용해 정상 유전자를 공급했다. 그 결과, z+/i+ 대장균에서는 젖당이 있을 때만 β-갈락토시다아제가 만들어졌고, z+/i- 대장균에서는 젖당이 있든 없든 β-갈락토시다아제가 꾸준히 생산되었다. 이런 결과를 확인한 세 과학자는 대장균의 유전자 부위에서 무언가가 β-갈락토시다아제 생산을 방해하는 것으로 해석하고, 1959년에 그 내용을 논문으로 발표했다.[10]

세 과학자 이름의 앞 두 글자씩을 따서 '파자마PaJaMa 실험'으로 유명해진 이 연구 성과를 통해, 대장균의 세포질에 있는 어떤 분자가 유전자발현을 조절한다는 사실을 추측할 수 있다. 또한 β-갈락토시다아제 생산을 조절하고 파지의 대장균 감염 양상이 바뀌는 것이 겉으로 보기에는 아무 관련이 없는 현상 같지만, 실제 두 과정은 같은 원리로 작동한다고 볼 수 있다. 자코브는 젖당분해효소 합성과 파지의 활동 개시가 같은 메커니즘으로 조절된다는 사실을 간파했다. 두 시스템 모두에서 세포질에 있는 분자가 유전자발현을 차단하는 것으로 보이며, 이는 특정 신호를 주면 유전자발현이 다시 시작될 수 있다는 의미였다. 파자마 연구진은 유전자발현을 차단하는 이 세포질 분자를 억제자repressor라고 했다.

정리하자면 유전정보의 흐름, 곧 유전자발현의 결과로 물질대사가 일어난다. 유전자발현과 물질대사는 서로 통합되어 있으며 상호의존적으로 일어난다. 세포 안에서는 엄청나게 많은 대사반응이 끊임없이 이루어지고 있다. 모든 대사반응은 효소의 촉매작용으로 일어난다. 따라서 효소의 기능을 조절하면 반응을 통제할 수 있다. 거의 모든 효소는 단백질이다. 단백질합성에는 에너지가 많이 소비되기 때문에 이를 적절히 조절하는 것은 세포 에너지 수급 차원에서 매우 중요하다.

세포가 유전자발현을 조절하는 메커니즘은 가정에서 전기를 아끼려는 노력과 닮은꼴이다. 냉장고는 항상 켜둔다. 에어컨은 여름철에 외부온도에 따라 적절하게 가동한다. 실내등과 TV는 하루에도 여러 번 켰다 끄기를 반복한다. 모든 가전제품을 불필요하게 계속 켜놓으면 전기요금 폭탄을 맞을 것이고, 모든 가정에서 모든 가전제품을 계속 켜놓는다면 전력 수급이 불안정해질 수 있다. 그러므로 적절하게 상황을 판단하고 올바르게 행동해야 한다. 이 기본 원칙은 세포에도 그대로 적용된다. 필요 없는 단백질이라면 애당초 mRNA부터 만들지 않는 게 효율적이다.

바로 모노와 자코브는 전사 수준에서 유전자발현(단백질합성)을 조절하는 컨트롤타워의 실체를 밝히는 돌파구를 열었다. 이들은 포도당이 있으면 젖당을 전혀 먹지 않는 대장균의 편식 현상이 왜 일어나는지를 밝히는 과정에서, 1961년 마침내 파자마 실험 결과를 토대로 한 오페론operon 모델을 정립했다.[11]

젖당 흡수와 분해에는 젖당을 분해하는 β-갈락토시다아제(LacZ)와 세포 안으로 젖당을 수송하는 젖당투과효소(LacY), 아세틸기전이효소(LacA)가 필요하다. 이 유전자는 대장균의 염색체상에 연이어 나란히 위치하는데(lacZ-lacY-lacA), 맨 앞에는 세 유전자발현을 조절하는 스위치인 DNA 부위가 있다. 효소 정보가 들어 있는 유전자를 구조유전자structural gene라고 한다. 이 정보에 따라 해당 단백질의 구조가 결정되기 때문이다. 조절 부위에는 유전자발현을 켜는 스위치인 프로모터promoter(P)와 끄는 스위치인 오퍼레이터operator(O)가 있다. 프로모터에는 RNA 중합효소 단백질이 결합해 전사를 시작하고, 오퍼레이터에는 억제자 단백질(LacI)이 붙어서 전사를 막는다. 이처럼 하나의 조절 부위와 이것의 통제를 받는 인접한 유전자들을 함께 묶어 '오페론'이라고 한다.

젖당이 없으면 젖당오페론 억제자 단백질이 오퍼레이터 자리에 결

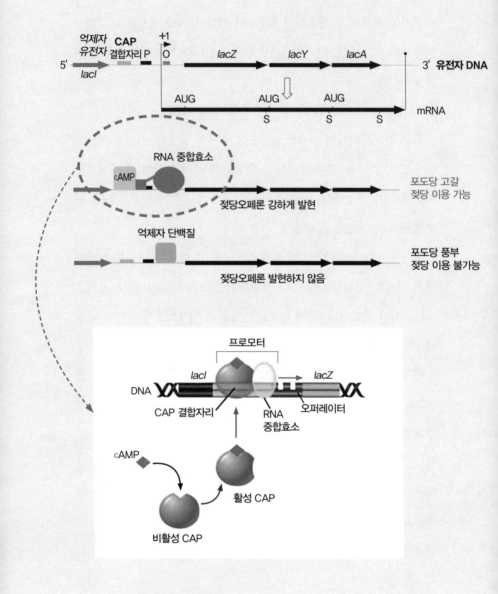

억제자
유전자 CAP
결합자리 P
+1
O

5′ lacI lacZ lacY lacA 3′ 유전자 DNA

AUG AUG AUG
S S S mRNA

RNA 중합효소
cAMP
젖당오페론 강하게 발현
포도당 고갈
젖당 이용 가능

억제자 단백질
젖당오페론 발현하지 않음
포도당 풍부
젖당 이용 불가능

프로모터
lacI lacZ
DNA
CAP 결합자리 RNA
중합효소 오퍼레이터
cAMP
활성 CAP
비활성 CAP

| 그림 4-7 | **젖당오페론 작동 원리**

합해서 전사를 막는다. 젖당이 있으면 억제자 단백질은 오퍼레이터 대신 젖당 유래 대사물질에 결합하고, 이 상태가 되어야 비로소 젖당분해효소 유전자들이 전사되기 시작한다. 따라서 젖당이 있을 때만 젖당 오페론이 발현된다. 하지만 여전히 풀리지 않은 의문이 있다. 자코브와 모노가 발견한 대로 젖당과 포도당이 함께 있으면 대장균은 젖당을 전혀 건드리지 않는다. 그런데 젖당이 있는데도 젖당오페론이 꺼져 있다. 왜 그럴까? 바로 포도당이 젖당오페론의 발현을 억제하기 때문이다.[12]

사실 억제자 단백질이 오퍼레이터에 결합하지 않는 것만으로는 젖당오페론이 발현되지 않는다. 추가로 이화물질활성화단백질catabolite activator protein, CAP이 젖당오페론 프로모터에 먼저 결합해야 한다. CAP가 붙어야 RNA 중합효소가 쉽게 결합해 전사를 시작할 수 있다. 그런데 CAP도 '고리형 아데노신1인산cyclic adenosine monophospate, cAMP'이라는 작은 화합물이 결합해야만 비로소 활성화된다. 그런데 cAMP의 양은 세포 내 포도당의 양에 반비례한다. 다시 말해 포도당의 양이 줄어들면 cAMP가 축적되는 것이다. 결과적으로 CAP에 결합할 수 있는 cAMP가 많아진다. 이 과정은 다음과 같이 정리할 수 있다.

포도당 감소 → cAMP 증가 → cAMP 결합으로 CAP 활성화 → 젖당오페론 프로모터에 RNA 중합효소 결합

오페론은 조절 부위 하나로 기능이 연관된 유전자들의 발현을 동시에 효율적으로 제어하는 전사 단위다. 또한 세균을 비롯한 원핵생물의

전사 조절에 핵심 역할을 한다.

반면 동식물을 포함한 진핵생물의 유전자에는 각각 프로모터가 있어서, 진핵생물에는 오페론이 없는 것으로 알려져 왔다. 하지만 최근에는 진핵생물에서도 오페론과 유사하게 공동으로 발현을 조절하는 유전자 무리가 발견되고 있다. 중요한 것은 오페론의 존재 여부가 아니라, 모든 생명체에서 전사 단계의 유전자발현은 DNA와 단백질의 상호작용으로 조절된다는 사실이다. 다시 말해서 해당 유전자 앞에 있는 조절 부위에 여러 단백질이 번갈아 결합하고 분리되면서 효율적으로 전사를 조절한다.

모노와 자코브의 연구 성과는 중심원리를 실험으로 증명하면서 현대 분자생물학의 기초를 다졌다. 이러한 젖당오페론 발현 조절 모델은 mRNA와 '다른자리입체성 조절allosteric regulation' 발견으로 이어졌다. 다른자리입체성 조절이란, 조절 분자가 해당 단백질의 활성 부위active site(효소의 기질 결합 부위)가 아닌, 다른자리입체성 부위allosteric site에 결합해 단백질 입체구조가 변화하면서 활성이 조절되는 현상을 말한다.

DNA 구조와 중심원리가 규명되고 다른자리입체성 조절이 알려지자 지극히 추상적이고 복잡하게만 보이던 생명현상을, 간단명료한 디지털 코드인 DNA에 저장된 정보가 일정한 규칙에 따라 탈부착하는 분자 무리의 움직임으로 이해할 수 있게 되었다. 이에 모노는 1970년 분자생물학을 통해 정립된 새로운 생명관을 자신 있게 세상에 내놓았다. 바로《우연과 필연Le Hasard et la Nécessité》이다. 이 책은 1960년대에 절정에 달했던 분자생물학과 그 중심에 서 있던 모노의 자신감이 한껏

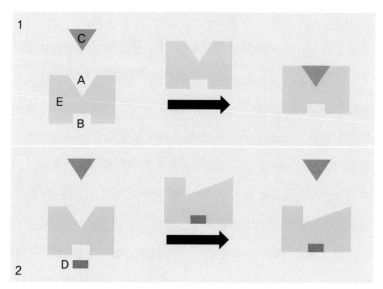

| 그림 4-8 | **다른자리입체성 조절 원리**

펼쳐진 작품이다. 모노의 관점에서 생명이란 'DNA 디지털 정보의 구현'이고 모든 생명체는 DNA라는 같은 소프트웨어를 내장한 하드웨어인 셈이다.

《우연과 필연》은 출간되자마자 베스트셀러가 되었고 격렬한 지적 논쟁을 일으켰다. 17세기 과학혁명 시기부터 이어진, 생명은 생물이 갖고 있는 생명력에서 비롯된다는 생기론vitalism과 생물체를 기계에 비유하고 생명현상을 물리화학적 작용으로 보는 기계론mechanism의 대결에서, 모노가 기계론의 손을 들어주었기 때문일 것이다. 젖당오페론은 생명체에서 유전자발현이 어떻게 조절되는지를 실험으로 명확하게 밝혀낸 인류 최초의 성과물이다. 반세기가 지난 지금도 대표적인 유전자조절 사례로서 고등학교 생물 교과서에 소개되고 있다.

이러한 성과는 모두 대장균 연구를 통해 얻을 수 있었다. 대장균은 가장 많은 연구가 이루어진 생명체다. 이를 통해 세포 수준에서 일어나는 생명현상의 기본을 이해하게 되었다. "대장균에서 사실인 것은 코끼리에서도 사실이다"라는 말을 여실히 입증하면서 말이다. 또한 대장균은 원조 세포공장cell factory으로서 생명공학 산업을 이끄는 역군이다. 세포공장이란 정밀 화합물과 의약품을 비롯해서 유용한 여러 가지 물질을 생산하도록 설계한 미생물을 말한다. 인류는 오래전부터 미생물을 이용해 다양한 물질을 만들어왔다. 그러다 1980년대 들어 미생물 산업의 패러다임이 바뀌었다. 유전공학 기술이 발달하면서 인간의 인슐린 유전자를 주입한 대장균을 만들어서 당뇨병치료제를 대량 생산하는 데 성공한 것이다. 적절한 생장 조건만 유지하면 이 재조합 대장균은 인슐린을 끊임없이 만들어낸다. 세포공장이 탄생한 것이다. 최근에는 한층 더 발달한 생명공학 기술을 적용해서 마치 종이 공작을 하듯이 미생물 유전자를 다루고 있으며 여러 가지 맞춤형 세포공장을 제작하고 가동한다. 그 핵심에 있는 유전자가위에 대해서 알아보자.

세균 면역계에서 발견된 혁명의 시작, 유전자가위

바이러스는 세포의 형태를 갖추지 못해서 생명체와 비생명체의 경계에 걸쳐 있다. 그런데 언뜻 대수롭지 않아 보이는 이 존재 앞에서 지구에 사는 모든 생명체가 한없이 작아지기 일쑤다. 인간과 동식물은 물론이고 세균마저도 이들의 공격을 피할 수 없으니 말이다. 생물학에서는 편의상 바이러스를 비세포성 미생물로 간주하는데, 세균만을 감염하는 바이러스는 별도로 '박테리오파지' 또는 줄여서 '파지'라고 한다고 이미 설명했다. 파지는 숙주로 삼는 세균의 세포벽에 붙은 다음 수축하면서 마치 주사를 놓듯 자기 DNA를 세균의 세포 속으로 주입한다. 하지만 세균도 호락호락하지는 않다. 세균에는 우리의 면역세포처럼 침입한 바이러스 DNA를 파괴하는 제한효소가 있는데, 이것이 1970년대 말에 유전공학을 탄생시킨 주역이다.

미생물학의 토대를 놓은 파스퇴르는 19세기 후반에 "순수과학이나 응용과학 따위는 존재하지 않는다. 오직 과학과 과학의 응용이 있을 뿐이다"라고 했다. 유전공학의 탄생과 발전 과정이 이 거장의 명언을 그대로 증명해준다. 앞서 설명한 대로 유전공학의 바탕을 이루는 유전자클로닝 또는 유전자재조합 기술은 크게 세 가지 연구 성과(제한효소, 리가아제, 플라스미드)를 조화롭게 응용한 작품이다. 유전자재조합 기술은 1990년대에 본격적으로 산업에 적용되면서 바이오테크놀로지 또는 생명공학 기술을 견인했다.

면역은 크게 비특이적 면역과 특이적 면역으로 나뉜다. 태어날 때부터 선천적으로 갖추고 있는 비특이적 면역은 사나운 악어가 사는 해자_垓字로 둘러싸인 단단한 성城과도 같다. 생물학적으로 설명하면, 제1방어선(성벽)은 주로 피부가 맡고 있으며, 그 뒤를 백혈구(악어)가 주도하는 제2방어선(해자)이 받치고 있다. 외래 DNA의 특정 부위를 식별하고 절단해서 제거하는 제한효소는 인체의 백혈구와 같은 비특이적 면역반응이다. 비특이적 면역은 항상 작동하면서 침입 대상을 가리지 않고 신속하게 반응한다. 특이적 면역은 제1, 2 방어선을 뚫고 들어온 특정 침입자에게만 반응하는 맞춤형 방어다. 보통 두고 보자는 사람은 무섭지 않다고 하지만, 면역계는 다르다. 침입자를 잘 기억했다가 다음에 또 들어오면 전보다 훨씬 더 빠르고 강하게 응징한다. 이처럼 특이적 면역은 침입자를 격퇴하는 단백질인 '항체'와 그것의 주요 특징인 항원을 기록하는 면역기억세포immunological memory cell로 이루어진다. 바로 이 면역기억세포 덕분에 백신을 만들 수 있다. 쉽게 말해서 백신이란 병원성이 없는 병원체의 일부, 곧 항원이고 이를 미량 투입해서 면역기억세포를 만들어 대비하는 원리다.

세균은 특이적 면역반응을 수행한다. 여러 대중 매체를 통해 널리 알려진 크리스퍼Clustered Regularly Interspaced Short Palindromic Repeats, CRISPR가 그 주인공이다. 전체 명칭을 우리말로 옮기면 '일정한 간격을 두고 분포하는 짧은 회문回文의 반복'이라는 뜻이다. 회문이란 '다시 합창합시다' 'PULL UP IF I PULL UP' 처럼 앞으로 읽으나 뒤로 읽으나 뜻과 형태가 같은 문장을 말한다.

크리스퍼의 존재는 1987년에 처음 알려졌다. 당시 세균의 DNA 염기서열을 연구하던 일본 오사카대학교의 한 연구진이 독특한 회문 구조를 발견했지만 그 기능은 전혀 알 수가 없었다. 이후 여러 세균의 DNA 염기서열을 낱낱이 읽어내면서 많은 세균에 크리스퍼가 있음을 알게 되었다. 1994년에는 파지 DNA 일부가 붙은 크리스퍼가 발견되었다. 그러나 그것이 어떤 기능을 하는지는 여전히 알 수 없었고, 반복

적으로 DNA 회문구조를 만드는 염기서열이 나타난다는 사실을 반영
해서 '크리스퍼'라는 이름만 붙였다.

2007년 덴마크의 한 요구르트 회사 연구진은 한 가지 특이한 현상
에 주목했다. 보통 요구르트를 만드는 젖산균은 파지 감염에 취약한
것으로 알려져 있는데, 일부 젖산균이 파지에 내성을 가진 것처럼 보
였다. 호기심이 발동한 연구진이 이 젖산균의 DNA를 분석했더니 크
리스퍼에 해당 젖산균을 공격하는 파지 DNA 일부가 함께 있었다. 마
침내 2012년 두 과학자가 크리스퍼의 작동 원리를 규명하는 데 성
공했다. 그 공로로 제니퍼 다우드나Jennifer Doudna와 에마뉘엘 샤르팡
티에Emmanuelle Charpentie는 2020년에 노벨 화학상을 받았다.

세균은 침입한 파지 DNA를 조각내고 그 일부를 크리스퍼 사이에
보관한다. 만약 같은 파지가 다시 들어오면 크리스퍼에 끼워 둔 파지
DNA를 그대로 읽어 RNA를 만들어낸다. 이 RNA는 재침입한 파지
DNA와 일치하는 염기서열 부분에 결합하는데, 이때 파지 DNA를 자
를 수 있는 유전자가위 단백질이 함께 가서 붙는다. 범인의 특정 인상
착의에 대한 정보를 찾기 쉽게 표시해서 보관했다가, 다시 침입하면
이 정보를 보고 경찰이 출동하는 것과 비슷하다.

크리스퍼 작동에서 중요한 것은 DNA 조각의 내용이 아니라 크기
다. 어떤 DNA라도 그 크기만 맞으면 크리스퍼 사이에 들어가서 해당
DNA 부위를 정확하게 자를 수 있다는 뜻이다. 이 덕분에 이제 크리스
퍼를 이용하면 DNA의 특정 부위를 정확하게 잘라낼 수 있다. 크리스
퍼 기술의 이러한 편집능력은 세균뿐 아니라 모든 생명체에 다양한 목

적으로 적용되고 있다. 크리스퍼 유전자가위는 이미 일부 유전병 치료에서 성공적인 임상 결과를 내면서 난치성 유전질환을 치료할 기술로 기대를 모으고 있다. 세상을 바꿀 크리스퍼 혁명은 이미 시작되었다. 그런데 그 중심에 세균 면역계가 있다는 사실을 보면서 파스퇴르가 남긴 또 다른 명언이 떠오른다. "자연계에서 한없이 작은 것들의 역할이 한없이 크다."

인간이 모든 감염병을 정복하는 미래가 올까?

2017년 세계보건기구World Health Organization, WHO는 새로운 항생제 개발이 절실한 병원균 목록을 발표하면서 이스케이프ESKAPE를 우선순위로 지정했다. 언뜻 '탈출하다'를 뜻하는 영어 단어 ESCAPE를 잘못 쓴 것처럼 보인다. 하지만 이것은 현재 우리가 사용하는 주요 항생제에 내성을 보이는 여섯 가지 세균, 곧 대변장알균Enterococcus faecium, 황색포도상구균Staphylococcus aureus, 폐렴간균Klebsiella pneumoniae, 아시네토박터 바우마니Acinetobacter baumannii, 녹농균Pseudomonas aeruginosa, 엔테로박터류Enterobacter spp.의 학명 첫 글자를 따서 만든 약어다. 이 세균들은 우리 주변 곳곳에 있는 흔한 세균인 데다가 다약제내성multiple drug resistance을 보인다. 다약제내성이란 병원성 미생물이 보통 서로 다른 계통의 항생제 두 가지 이상에 내성을 보이는 경우를 말한다.

이스케이프는 병원성 자체보다는 탁월한 환경 적응력 때문에 위험하다. 이 세균들은 감염병을 일으키는 능력은 비교적 낮지만, 인체는 물론이고 생활환경에서도 잘 살기 때문에 쉽게 감염을 일으킨다. 미생물이 우리 몸속에 들어와 증식하는 상태가 감염이고, 그 결과로 생기는 건강 이상이 감염병이다. 이를 다시 생각해보면 감염이 반드시 감염병으로 이어지는 건 아니라는 뜻도 된다. 코로나19 사태로 이제는 일상용어가 되다시피 한 '무증상 감염'이 바로 그 상태다.

보통 건강한 사람에게는 이스케이프가 그다지 위협적이지 않다. 그러나 면역 기능이 떨어지면 이들 감염에 취약해진다. 특히 이스케이프가 병원 내 감염을 일으키는 주범이기 때문에 이들이 다약제내성을 띠면 문제가 아주 심각해진다. 게다가 다약제내성 이스케이프의 엄습에 맞설 항생제 개발 속도가 현저하게 느려지고 있었다. 아무런 변화가 없다면 2050년에는 매년 1,000만 명이 약물 내성 질환으로 사망할 것으로 예상될 정도였다.[13] 이런 난관에 봉착해서 노심초사하던 중에 뜻밖의 도우미를 만나게 되었다. 다름 아닌 박테리오파지다.

사실 1917년에 박테리오파지를 처음 발견한 프랑스 미생물학자 펠릭스 데렐Félix d'Hérelle은 처음부터 세균 바이러스를 세균 감염병 치료에 사용하자고 제안했다. 바로 파지요법phage therapy의 탄생이다. 세균은 지구 어디에나 있지만 파지 역시 토양에서 인체 내장에 이르기까지 세균이 있는 곳이라면 어디에나 존재한다. 보통 기생체는 숙주보다 훨씬 작지만 그 수는 훨씬 많다. 따라서 특정 병원균을 공격하는 천적 파지를 찾는 것은 어려운 일이 아니다. 파지는 항생제 내성 문제를 푸는 해결사가 될 수 있다.

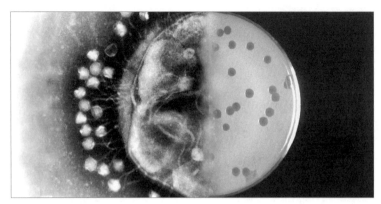

| 그림 4-9 | **파지요법**

　파지요법의 또 다른 장점은 숙주 특이성이다. 유익균과 유해균을 가리지 않고 파괴하는 항생제와 달리, 파지는 표적 병원균만을 공격할 뿐 아니라 세균이 아니면 아예 건드리지도 않는다. 무엇보다 파지는 자가복제가 가능하기 때문에 단 한 번만 투여해도 치료 효과가 클 것으로 기대된다. 기발하고 창의적인 아이디어가 아닐 수 없다. 실제로 현대에 들어와 일부 국가에서 농업 분야에 파지요법을 사용하고 있을 정도다. 하지만 제약업계가 항생제 생산에 몰두하면서 의학 분야에서는 파지요법이 경제적 이유 때문에 변방으로 밀려났다. 또 데렐이 구소련을 중심으로 실험을 진행해 해당 연구 성과가 서유럽에는 잘 알려지지 않는 등 파지요법은 항생제의 그늘에 가려 주목받지 못했다. 하지만 100년 후 극적인 반전이 일어났다.

　2016년 미국 샌디에이고병원 중환자실에서 장염 치료를 받던 68세 남성이 이라키박터Iraqibacter라는 슈퍼박테리아에 감염되었다. 이라키박터란 이스케이프 가운데 하나인 아시네토박터 바우마니가 이라크 전쟁 동안 야전병원에서 많이 검출되면서 붙은 별칭이다. 담당 의사는 현재 사용할 수 있는 모든 항생제에 내성이 있는 슈퍼박테리아 감염병 환자를 구하기 위한 마지막 수단으로 파지요법을 택했다. 치료 효과는 물론이고 안정성도 장담할 수 없었지만, 지푸라기라도 잡는 심정으로 보건 당국을 설득해 기어코 긴급사용승인을 받아냈다. 파지요법을 시작하고 한 달 정도가 지나자 기적 같은 일이 일어났다. 사경을 헤매던 환자가 휠체어를 타고 바깥 공기를 쐬며 가족과 대화를 나눌 수 있었다. 그는 자신이 지구상에서 가장 큰 기니피그였다는 농담도 건넸다고 한다. 파지의 쓸모는 여기서 그치지 않는다. 최근 파지를 이용해서 코로나19 백신을 개발한다는 놀라운 소식이 전해졌으니 말이다.

대부분의 백신은 병원성이 없는 병원체의 일부, 항원을 바늘로 주입하는 주사의 형태로 만들어진다. 그런데 이번에 파지를 이용해 개발된 백신은 콧속에 뿌리는 것이다. 대장균을 감염시키는 바이러스 가운데 하나인 T4 파지에 크리스퍼 유전자가위 기술을 적용해 주삿바늘이 필요 없는 백신을 만든 것이다. 그리고 실험 쥐를 대상으로 그 효과를 입증한 연구 결과가 2022년 7월에 발표되었다.[14] 그렇다면 어떻게 항원을 몸속으로 주입하는 것일까?

우리 몸과 건물은 구조적으로 닮은꼴이다. 겉에서는 보이지 않는 내부 배관 덕분에 건물이 제 기능을 할 수 있듯이, 인체의 물질대사도 1차적으로 위장관과 호흡기관 등을 통해 일어난다. 여기서 짚고 넘어가야 할 사실이 하나 있다. 신체 배관의 내부 공간은 엄연히 몸 밖이라는 점이다. 무슨 뜻인지 모르겠다면 크게 심호흡을 해보자. 가슴속에서 시원

함이 느껴지는 그곳이 지금 외부 공기와 접하고 있는 기관지의 내벽이다. 이렇게 외부와 직접 맞닿아 있는 신체 기관의 내벽은 모두 부드럽고 끈끈한 조직으로 덮여 있다. 바로 점막이다.

점막을 이루는 세포는 끈끈한 액체(점액)를 분비해 표면이 마르지 않게 할 뿐 아니라 미생물을 가두어 감염을 예방한다. 게다가 점막은 세균의 세포벽을 파괴하는 효소(라이소자임lysozyme)부터 항균과 항바이러스, 항암 기능도 갖춘 다기능 단백질(락토페린lactoferrin)에 이르기까지 다양한 항미생물물질을 분비한다. 아울러 점막은 건강한 성인을 기준으로 전신 면역세포의 80퍼센트가 분포하는 복합 방어기지다. 그러므로 촉촉해야 할 점막이 마르면 그만큼 바이러스 같은 병원체의 침투에 취약해진다. 호흡기 감염 예방 수칙 1순위로 실내 환경의 적정 습도를 유지하고 물을 자주 마시라고 하는 이유가 여기에 있다.

T4 파지를 이용한 비강 백신의 핵심 원리는 점막면역mucosal immunity

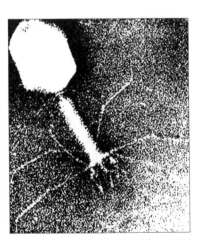

| 그림 4-10 | **전자현미경으로 찍은 T4 파지**

을 유도하는 것이다. 언뜻 달착륙선처럼 보이는 T4 파지는 머리와 꼬리로 이루어져 있다. 크기는 너비 90나노미터, 높이 200나노미터 정도이며, 이십면체인 머리 안에 파지DNA가 들어 있다. 대장균의 세포벽에 붙은 뒤 꼬리가 수축하면서 마치 주사를 놓듯 자신의 DNA를

세균의 세포 속으로 주입한다.

연구진은 먼저 T4 파지 DNA를 변형해 코로나19 바이러스 스파이크단백질spike protein을 만드는 재조합 파지를 만들었다. 이제 재조합 T4 파지의 머리를 이루는 단백질 껍데기에는 코로나19 바이러스 특징이 나타난다. 그다음 이를 실험 쥐의 콧속에 뿌리고 면역반응을 살펴보았다. T4 파지를 기반으로 한 백신을 3주 간격으로 두 차례 투여했더니, 전신면역반응뿐 아니라 강한 점막면역반응이 유도되었다. 아울러 파지로 만든 백신은 상온에서 보관할 수 있고 주사기 없이 보통 사람도 쉽게 사용할 수 있다. 팬데믹 시대를 슬기롭게 살아가기 위한 새로운 무기가 탄생한 것이다.

미생물이라고 하면 보통은 정감보다는 반감이 든다. 특히 요즘처럼 각종 감염병이 자꾸 나타나는 상황에서는 더욱 그렇다. 이런 사실 자체를 부정할 생각은 없다. 다만 우리가 여전히 알지 못하는 미생물이 너무나 많고, 우리에게 피해를 주는 미생물은 그 가운데 극히 일부라는 사실만은 꼭 밝히고 싶다. 실제로 미생물은 우리가 도저히 함께할 수 없고 박멸해야 하는 공공의 적이 아니라 늘 곁에 두고 함께 살아야 하는 동반자다.

눈에 보이지 않는 세계의 무궁무진한 쓸모, 미생물 자석

　만약 휴대전화가 사라진다면 사람에 따라 정도 차이는 있겠지만 일상생활이 불편해질 게 분명하다. 길찾기 앱에 목매는 길치인 내게는 당장 어딘가를 찾아가는 것 자체가 큰 도전이다. 그곳이 어디든지 실시간으로 목적지까지 안내해주는 내비게이션은 참 신통하다. 도대체 이런 게 어떻게 가능할까? 핵심은 바로 위성항법장치Global Positioning System, 곧 GPS 덕분이다. 휴대전화에 내장된 GPS는 인공위성에서 위치 정보를 받아 내가 지구상 어디에 있더라도 정확히 파악해서 헤매지 않고 목적지까지 갈 수 있게 해준다.

　GPS는 원래 군사용으로 개발되어 미 해군에서 1964년부터 운용했다. 1983년 구소련의 대한항공 여객기 격추 사건 직후, 당시 미국 대통령 로널드 레이건Ronald Reagan이 민간 목적으로 GPS 사용을 허용하면서 이 기술이 대중의 일상으로 들어왔다. 그리고 21세기에 접어들자 GPS는 인류 문명사 내내 길잡이 역할을 톡톡히 해왔던 나침반을 뒷방으로 밀어내버렸다.

보통 나침반은 지구의 자기를 이용해 자침으로 남북을 알려준다. 나
침반은 대략 기원전 4세기부터 사용한 것으로 추정한다. 하지만 나침
반이 지구의 남북을 가리키는 이유를 알기까지는 그 이후로 2000년
정도를 더 기다려야 했다. 영국의 의사이자 물리학자였던 윌리엄 길버
트William Gilbert는 1600년에 출판한 저서 《자석에 관하여 De Magnete》에
서 지구가 하나의 거대한 자석이라는 견해를 밝혔다. 그는 자철석으로
만든 지구 모형 테렐라Terrella(라틴어로 '작은 지구'라는 뜻)를 이용해 이
를 입증했다. 테렐라의 표면에 나침반을 갖다대자 마치 지구에서 방향
을 찾을 때처럼 움직인 것이다.

철새의 몸속에 있는 내비게이션, 생물나침반

지구 자기는 지구 중심에서 회전하는 쇳덩이 때문에 발생한다는 이론
이 일반적이지만, 현대 과학도 아직 그 이유를 완전히 설명하지는 못
한다. 그렇지만 동물은 인간보다 훨씬 먼저 지구 자기의 존재를 알고
이를 이용했다. 철새와 고래에서 일부 물고기와 곤충에 이르기까지 많
은 동물이 지구 자기를 이용해 방향을 정하고 이동한다. 몸속 어딘가
에 나침반을 갖고 있단 말인가? 그렇다!

생물나침반biocompass에 대한 첫 실험 증거가 나온 것은 1950년대였
다. 독일의 한 과학자가 철새 한 종을 커다란 새장에 가두고 비행 방향
을 관찰했다. 새장 밖에는 태양과 비슷하게 만든 움직이는 전구를 설
치했다. 관찰 결과, 이 철새가 날아가려는 방향은 전구의 위치에 따라

바뀌었다. 그 과학자는 이 관찰 결과를, 철새가 태양의 위치를 기준으로 생물나침반을 이용해 비행하는 증거로 해석했다. 이윽고 1972년 철새의 몸에 생물나침반이 있음을 확실하게 보여주는 연구 결과가 보고되었다. 앞선 새장 실험을 발전시켜 이번에는 자기장을 발생시키면서 철새의 이동 방향을 지켜봤다. 예상한 대로 자기장을 조정해 철새의 날갯짓 방향을 조정할 수 있었다.

생물나침반의 존재가 명확해지자 과학자들은 자연스레 그 실체에 관심을 갖고 연구를 이어갔다. 현재 조류에는 최소한 2개의 자기감각magnetoreception 시스템이 있다고 밝혀졌다. 부리 위쪽에 있는 구조체는 실제 나침반처럼 자철석이 주성분이고, 망막에 있는 것은 크립토크롬cryptochrome이라는 단백질로 되어 있다. 크립토크롬은 식물에도 있는데, 식물에서는 가시광선 가운데 청색광을 흡수하는 광수용체 역할을 한다. 빛을 인지해서 그 방향으로 식물이 자라게 하는 식물의 눈이라고 볼 수 있다. 조류를 비롯한 동물에서는 크립토크롬이 빛을 받아 활성화되면 지구 자기장을 감지하는 자기수용체 역할을 하는 것으로 보인다.

생물나침반을 갖고 있는 단세포생물들

주성taxis이란 생명체가 외부 자극에 반응하는 방향성이 있는 운동을 이르는 생물학 용어다. 자극을 향하면 양, 그 반대로 가면 음의 주성이라고 한다. 또한 빛이나 물, 특정 화학물질 같은 자극의 종류에 따라서 주광성, 주수성, 주화성 등으로 구별한다. 예컨대 빛을 향하는 식물의 잎과 줄기는 양의 주광성이다.

주성이라 하면 흔히 동식물만을 떠올리기 쉬운데, 사실 주성의 최고봉은 세균이다. 세균의 이런 생존 능력은 주변 환경의 변화를 정확하게 인지하고 기민하게 움직이는 주성에서 비롯된다. 세균은 주성을 통해 먹이가 많고 살기(증식하기) 좋은 곳을 찾아간다. 이를 위해 세균에는 주변과 세포 내 환경조건을 파악하고 그 정보를 전달하는 정교한 체계가 있다. 단백질을 비롯해서 여러 세포 내 조절물질이 관여하는 이 신호는 주로 세균의 편모로 전달한다. 세균이 모터보트라면 편모는 모터로 움직이는 프로펠러에 비유할 수 있다.

편모가 반시계방향으로 돌면 세균은 전진하고, 시계방향으로 돌면 진행 방향이 바뀐다. 대장균의 경우, 편모가 1초 정도 반시계방향으로 돌다가(전진) 0.1초 정도 시계방향으로 돌면서 방향을 바꾼다. 이런 순환이 반복되면 결국 무작위 운동을 하게 되어 방황하는 모양새가 된다. 세균의 이런 평소 움직임을 감성적으로 표현하면 하릴없이 이리저리 헤매는 나그네의 모습 같다. 그러다가 특정 신호가 감지되면 언제 그랬냐는 듯 방황을 멈추고 용의주도하게 편모를 휘저으며 방향성 운동을 시작한다.

1975년 미국 매사추세츠주에 있는 우즈홀해양연구소에서 갯벌 진흙에서 세균을 분리하던 연구원이 흥미로운 장면을 목격했다. 진흙물 한 방울을 슬라이드글라스에 떨어뜨려 현미경으로 관찰하다가, 한쪽으로 빠르게 이동하는 세균을 발견한 것이다. 순간 그는 실험실 창문으로 들어오는 빛을 보면서 주광성을 떠올렸다. 그러나 빛을 차단해도 문제의 세균은 같은 방향으로 움직였다. 호기심에 작은 자석을 현미경 근처에서 움직였더니 놀랍게도 그 세균이 자석과 같은 방향으로 움직였다. 주자성세균magnetotactic bacteria이 세상에 알려진 순간이다.

주자성세균 몸(세포) 안에는 마그네토좀magnetosome이라는 나노 자석이 있다. 마그네토좀은 세포막이 세포막의 일부가 빠져 들어가 자철광 입자를 둘러싼 형태인데, 입자의 크기나 개수는 세균의 종류에 따라 다양하다. 너비 50~100나노미터짜리 자성 입자가 적게는 몇 개에서 많게는 100개 정도가 연결된 구조체다. 마그네토좀은 세포막 변형,

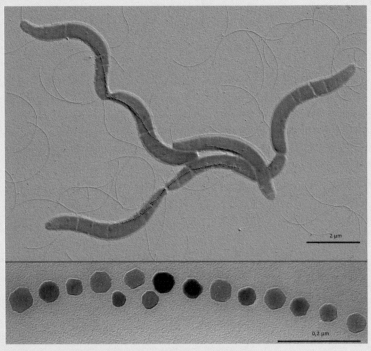

| 그림 4-11 | **주자성세균 '마그네토스피릴룸 그리피스왈덴스***Magnetospirillum gryphiswaldense*' **세포 안에 보이는 마그네토좀(위)과 이를 확대한 사진(아래)**

철분 흡수와 결정화, 사슬 형성 등 상당히 복잡한 경로를 거쳐서 만들어진다. 합성에 참여하는 유전자 수만 해도 보통 40개가 넘는다. 왜 이 세균들은 이토록 품을 많이 들여서 굳이 자석을 만드는 걸까?

현재까지 알려진 주자성세균은 모두 바다나 민물에 살며 편모가 있다. 이들은 산소에 민감해서 공기보다 산소 농도가 낮아야 좋아하거나 산소가 있으면 아예 살지 못하는 것도 있다. 마그네토좀은 세균이 저산소 또는 무산소 환경에 머무는 데 중요한 역할을 하는 것으로 추정한다. 그 근거는 이렇다. 일반적으로 북반구나 남반구에서는 자기장이 수직으로 형성되는데, 주자성은 이러한 자기장의 방향성을 이용해 해당 세균이 적당한 수심에 자리 잡는 데 큰 도움을 줄 것이다. 실제로 대부분의 주자성세균은 물속에서 유산소층과 무산소층의 경계에 서식한다.

그 밖에도 마그네토좀은 과산화수소(H_2O_2)를 분해할 수 있다. 물(H_2O)에 산소 하나가 더 붙은 과산화수소는 강하게 산화반응을 일으키기 때문에 30~35퍼센트 수용액을 만들어 소독제나 표백제로 사용한다. 과산화수소는 산소가 있으면 세포 안에서 저절로 만들어진다. 따라서 마그네토좀은 세균에 치명적인 해를 끼칠 수 있는 과산화수소의 축적을 막아 세포를 보호하는 기능도 분명 수행할 것이다. 이 정도면 주자성세균이 애써 자석을 만드는 이유를 충분히 이해할 수 있다.

미생물의 쓸모는 어디까지일까?

마그네토좀은 특정 세균에게만 쓸모가 있는 게 아니다. 우리도 이 세균 자석을 매우 요긴하게 사용할 수 있다. 대표적으로 항암 약물을 체내에 효율적으로 전달할 수 있다. 의과학 분야에서는 이미 인공적으로 만든 나노 자석에 약물을 실어 투여한 다음, 몸 밖에서 자기장을 이용해 표적 부위로 보내는 치료법을 개발했고 임상에 적용하고 있다. 인공 자석보다 세균 자석의 생체적합성이 뛰어나기 때문에 인체에서 이물반응이나 염증을 거의 일으키지 않는 데다가 독성은 약해서 의료용으로 사용하기에는 훨씬 더 효과가 좋은 것으로 밝혀졌기 때문이다. 이에 마그네토좀을 이용한 약물 전달체 연구에 많은 노력이 집중되고 있다.

19세기 중반 독일의 철학자이자 심리학자였던 프란츠 브렌타노Franz Brentano는 물리적 세계와 정신적 세계를 구분 짓는 특징이 지향성intentionality 단 하나뿐이라는 의견을 내놓았다. 그의 의견에 따르면, 생각이 늘 무언가와 연관된 것처럼 정신적 세계에는 지향성이 있지만 물리적 세계, 곧 사물에는 지향성이 없다. 그러나 그 사물을 보고 머릿속에 떠오르는 생각에는 지향성이 있다. 브렌타노는 고통처럼 본능적인 감각조차도 지향성이 있다고 했다. 고통이 지향하는 것은 우리 몸의 손상에 대한 경고라는 얘기다.

생물학은 한마디로 생명현상을 탐구하는 학문이다. 생물학자들은 주로 생명의 통일성unity, 다시 말해 모든 생명현상을 포괄할 수 있는 단일한 특징을 추적한다. 그 결과 모든 생명체가 세포로 구성되어 있다든가, 기본적으로 같은 화학반응으로 이루어진다든가 아니면 DNA라는 공통 언어로 삶을 영위한다는 사실 등을 발견했다. 그런데 하찮게 여겨왔던 세균이 자석을 만들어 주도적으로 움직이는 걸 보면서, 바로 그러한 지향성이 이 모든 지적 성취를 포괄할 수 있다는 생각을 해본다. 그렇다면 우리가 맞이한 바이오 시대에는 이 지향성에 더욱 주목해서 주어진 현상을 어떻게 활용하고 응용할지 깊이 고민해야 하지 않을까?

미생물은 지구에 있는 생물 중 가장 널리 퍼져 있고 그 종류도 가장 다양하다. 하지만 이토록 많은 미생물 가운데 현재까지 분리하고 배양해서 확인한 것은 어림잡아 1퍼센트 남짓이다. 자연계에는 아직 우리가 접하지 못한 미지의 미생물들이 무수히 많다는 뜻이다. 비록 우리가 그 수많은 미생물을 눈으로 볼 수는 없어도 그들은 우리가 무엇을 하든 어디를 가든 늘 함께한다.

바이오가 환경위기시계를
되돌릴 수 있을까?

생태계

환경위기시계가 '매우 불안함'을 뜻하는 9시 1분을 넘어선 지 오래다.

12시에 가까워질수록 인류 멸망이 가까워진다.

과연 인류는 환경위기시계를 되돌릴 수 있을까?

그 답은 생태학적 노력과 생각의 전환에 있다.

21세기를 사는 우리는 인류 역사상 최고 수준으로 문명의 이기를 누리고 있다. 그래도 여전히 더 편리한 문명을 추구한다. 이처럼 만족을 모르는 인간의 욕망과 행동 양식이 문명의 이기를 생산하는 원동력이 된다는 순기능을 부정할 수는 없다. 하지만 그 역기능이 갈수록 심각해지고 있다. 특히 화석연료 소비 증가에 비례해서 이산화탄소 배출량도 함께 늘어나고 있다. 산업화·도시화한 현대사회에서 인간이 환경을 파괴하지 않고 살아가기란 거의 불가능해 보인다. 환경보호에 대한 우리의 의식이나 관심 부족을 원인으로 들 수도 있다. 하지만 생물학적 관점에서 보면, 인간도 지구 생태계를 구성하는 일부면서 과학기술을 앞세워 자연의 원리를 따르지 않는 것이 근본 원인이다.

인간이 본격적으로 자연을 이용하기 시작한 것은 정착 생활을 시작한 신석기시대부터다. 그 이후로 적어도 산업혁명 이전까지는 생태계의 작동 원리를 크게 벗어나지 않는 범위에서 자연을 이용해왔다. 그런데 산업혁명을 계기로 상황이 급변했다. 인간은 기술력을 앞세워 자연생태 규칙을 무시하다시피 하고 더 나은 생활을 영위하기 위해 성장지향정책만을 추진하면서 자연을 닥치는 대로 개발하고 이용해왔다.

그렇게 한 지 1세기 남짓 지났을 뿐인데도 여러 환경문제가 우후죽순처럼 터져 나오고 있다. 예를 들어 지구온난화, 기상이변, 오존층 파괴, 사막화 그리고 최근 심각한 문제로 대두된 새로운 감염병의 창궐 등은 인류의 생존을 위해 반드시 해결해야 할 과제다. 이번 장에서는 생물학, 특히 생태학과 미생물학 관점에서 환경문제의 원인과 해결 방안을 모색해본다.

지구라는 거대한 생태계의 원리

1859년, 생물학은 말할 것도 없고 온 세상을 흔드는 책 한 권이 등장했다. 바로 찰스 다윈Charles Darwin의 역작《종의 기원Origin of Species》이다.《종의 기원》이라고 하면 '기원'이라는 단어 때문인지 흔히들 생명체 탄생에 관한 책일 것이라고 생각한다. 하지만 이 책에서는 생명체의 '기원'이 아니라 '변화'를 말한다. 전체 제목인《자연선택에 의한 종의 기원, 또는 생존 경쟁에서 유리한 종의 보존에 대하여On the Origin of Species by Means of Natural Selection, or the Preservation of Favoured Races in the Struggle for Life》에서 알 수 있듯이, 핵심 내용은 기존 생명체에서 새로운 생명체가 생겨날 수 있는 원리인 자연선택natural selection이다. 다윈은 생명체들의 다양성과 함께 각 생명체에 내재하는 유사성을 생존경쟁과 자연선택으로 설명함으로써 진화의 원리를 밝혔다. 아울러 자연환경에서 생물이 상호작용하며 살아가는 방식을 탐구하는 생물학 분야인 생태학의 주춧돌을 놓았다.

사실 생태학과 진화학은 불가분의 관계다. 생물종은 진화의 결과물이며, 각 생명체는 서식지 환경에서 진화하며 적응해간다. 환경조건, 곧 생태학적 상황이 바뀌면 해당 생명체에 작용하는 선택압력selective pressure 역시 달라진다. 따라서 생태학적 변화는 진화의 방향에 큰 영향을 미친다. 생태학을 뜻하는 영어 에콜로지ecology는 1873년에 만들어진 신조어 okologie를 번역한 것이다. 당시 독일의 저명한 생물학자이자 철학자로 활동했던 에른스트 헤켈Ernst Haeckel이 그리스어로 각각 '집'과 '학문'을 의미하는 oikos와 logos를 합쳐 이 단어를 만들었다. 이후 생태학은 생물의 적응과 진화를 다루는 문제와, 비생물 환경에 대한 생물의 주체성, 생물 집단의 평형 또는 조절 작용에 관한 문제를 둘러싸고 논쟁을 거듭하며 발전해왔다.

덴마크의 식물학자인 요하네스 바르밍Johannes Warming은 1895년에 펴낸 저서 《식물생태학Plantesamfund》에서 군집community을 같은 장소에서 자라는 서로 다른 생물종들의 무리라고 규정했다. 20세기 초반 동물생태학 연구를 하던 미국의 빅터 셸퍼드Victor Shelford는 동식물 관계의 중요성을 강조하며, 생태학이란 생물 군집에 관해 연구하는 학문이라는 개념을 도입했다. 얼마 뒤 영국의 생물학자 찰스 엘턴Charles Elton은 1927년에 저술한 《동물생태학Animal Ecology》에서 먹이 관계를 축으로 군집을 분석하고 개체군이 유지되는 원리를 파악하고자 했다. 여기서 엘턴은 먹이사슬food chain과 생태적 지위ecological niche를 비롯한 생태학의 여러 개념을 제시했다.

1935년 영국의 식물학자 아서 탄슬리Arthur Tansley는 셸퍼드의 생각을 발전시켜, 생물과 환경 사이의 상호 관계가 이루어지는 시스템을 뜻하는 용어 생태계ecosystem를 처음으로 사용했다. 1950년대에 들어서 오덤 형제(유진 오덤Eugene Odum, 하워드 오덤Howard Odum)가 생태계 개념을 적극적으로 수용했다. 이들은 1953년에 발간한 공저서《생태학의 기초Fundamentals of Ecology》에서 생태계의 생물 구성요소와 비생물 구성요소를 하나의 전체로 기능하는 전일체全 ㅃ로 간주하고, 물질과 에너지의 흐름이 그 구조와 기능을 보여주는 공통분모라고 설명했다. 다시 말해 생산자와 소비자, 분해자를 연결하는 물질과 에너지의 열역학적 흐름을 중요하게 다루면서도 유기체론적 생물상 개념을 유지했다. 이러한 개념은 이후 많은 생태학 교과서에서 채택되어 하나의 표준 모델이 되었다.

현대 생태학은 하나의 생물부터 지구 전체에 이르는 다양한 생물학적 체계의 수준에서 연구를 수행하고 있으며, 그 대상과 수준에 따라 세분된다. 생태학은 환경문제의 근본 원인과 이상적인 해결 방안에 대한 과학적 근거를 제공한다. 이를 제대로 반영해 올바르게 의사결정하기 위해서는 생태계 작동의 기본 원리를 반드시 이해해야 한다.

생태계는 생물 구성요소와 비생물 구성요소가 상호의존적으로 통합된 시스템이다. 생태학의 발전 과정을 실제로 지켜보았던 영국의 신학자 윌리엄 잉William Inge은 "자연은 동사 '먹다'의 능동형과 수동형으로 이루어진다"라는 말로 생태계 생물 구성원 사이의 관계를 함축했다. 더 쉽게 말하면 '먹고 먹히는 관계'다. 이를 생태학에서는 먹이그

구분	주요 연구 내용
개체생태학 Organismal Ecology	환경 변화에 따라 생물의 구조와 생리, 동물의 행동 등이 어떻게 변화하고 적응하는지를 연구하며, 진화생태학과 행동생태학 등으로 세분
개체군생태학 Population Ecology	한 지역에서 특정 종의 개체수에 영향을 미치는 요인에 관해 연구
군집생태학 Community Ecology	군집 내에서 모든 종이 상호작용하는 양상을 다루며, 한 집단 안에서 교란과 같은 비생물 구성요소와 포식, 경쟁, 질병 등의 상호작용이 군집구조와 조직에 어떤 영향을 미치는지에 관해 연구
생태계생태학 Ecosystem Ecology	다양한 생물과 비생물 구성요소들 사이의 에너지 흐름과 화학적 물질순환에 관해 중점적으로 연구
경관생태학 Landscape Ecology	관심 지역 내 생태계 간 패턴과 상호작용 그리고 이 요인들이 생태학적 과정에 미치는 영향 등을 연구

| 그림 5-1 | **생태학 분야**

물food web이라고 하는데, '생산자 – 소비자 – 분해자'를 긴밀하게 연결하면서 에너지와 물질이 이동하는 얼개다. 그리고 이 안에서 모든 생물은 최대한 많이 먹기 위해서 최선을 다한다. 생물학적으로 표현하면, 생산자가 공급하는 에너지를 더 많이 획득하기 위해 치열한 생존 경쟁을 펼치는 것이다.

자체적으로 생존에 필요한 영양분을 생산할 능력이 없기에 생존하기 위해 직접적이든 간접적이든 생산자가 공급하는 영양분에 의존할 수밖에 없는 모든 생물은 소비자에 포함된다. 자칫 동물만을 소비자로 간주하기 쉽지만, 기능적으로 소비자와 분해자의 구분이 애매한 경우가 많다. 예를 들어 동식물의 사체나 배설물을 분해하는 미생물은 소비자이면서 분해자다.

생산자는 광합성 또는 화학무기합성으로 영양분을 만들어 다른 생명체들에게 공급한다. 광합성은 빛에너지를 이용해 당분, 곧 포도당을 만드는 과정이다.

$$이산화탄소(CO_2) + 물(H_2O) + 빛에너지 \rightarrow 포도당(C_6H_{12}O_6) + 산소(O_2)$$

여기서 포도당은 생명체의 기본 구성 분자이자 생명 활동에 필요한 주 연료이며, 광합성은 정확하게 호흡의 역반응임에 주목하자. 결국 광합성으로 만들어진 포도당이 호흡으로 분해되면서 에너지가 방출된다. 햇빛 → 포도당 → 세포에너지 → 열(체온)의 순서로 에너지가 흐르는 것이다.

한편 화학무기합성은 특정 세균만 갖고 있는 매우 독특한 능력이다.

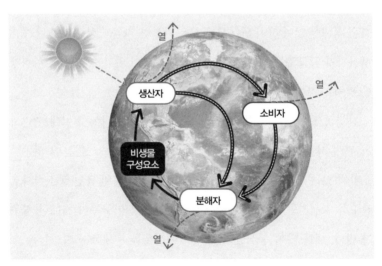

| 그림 5-2 | **생지화학순환**

이들은 이산화탄소를 원료로 이용하면서 빛에너지가 아닌 무기화합물에 내재한 화학에너지를 이용해 포도당을 합성한다. 화학무기영양세균chemolithotrophic bacteria은 심해처럼 빛이 전혀 없는 환경에서 무기화합물에 들어 있는 에너지를 이용해 이산화탄소를 포도당으로 합성한다. 해당 생태계에서는 이 세균들이 영양분 생산자로서 먹이그물의 중심에 있다.

에너지와 물질은 생태계를 작동시키는 가장 중요한 비생물 구성요소다. 태양에서 온 빛에너지의 경우 먹이그물을 통과하는 동안 생명체가 이를 활용하거나 저장하지만, 궁극적으로는 열의 형태로 생태계를 빠져나간다. 이처럼 에너지는 일방통행으로 흐른다. 간혹 우주에서 지구로 떨어지는 별똥별이나 회수하지 못하는 인공위성 따위를 제외하면, 물질은 이출입 없이 지구 안에서 순환한다. 이를 생지화학순환biogeochemical cycle이라고 한다. 말하자면 지구라는 거대한 생태계는 태양에너지의 이출입을 제외하고는 닫힌계로서, 그 안에서 에너지와 물질이 생물 구성요소와 비생물 구성요소 사이를 끊임없이 오가며 생명력을 유지시킨다.

탄소순환의 균형을 되돌려야 한다

모든 생명체는 탄수화물과 단백질을 비롯한 다양한 화합물의 형태로 많은 양의 탄소를 보유하고 있다. 생명체를 이루는 탄소는 기본적으로

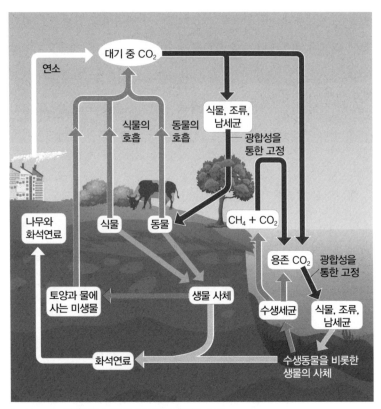

| 그림 5-3 | **생지화학순환의 기본 과정인 탄소순환**

광합성의 산물이므로, 공기 성분 가운데 고작 0.04퍼센트 남짓을 차지하는 이산화탄소에서 유래한 것이다.

생산자에게 있던 탄소화합물을 소비자가 소화해 활용되면서, 이산화탄소에서 유래한 탄소는 한 생명체에서 다른 생명체로 먹이사슬을 따라 전달된다. 이때 각 생명체가 에너지(ATP)를 만드는 과정, 곧 세포호흡에서 방출하는 이산화탄소를 이루는 탄소원자는 대기로 돌아가지만, 생체 구성성분으로 동화된 탄소는 보통 해당 생명체가 사망할 때까지 그 안에 머문다. 동식물이 죽으면 세균과 곰팡이가 그 생명체에 있던 탄소화합물을 분해한다. 이 과정에서 대부분의 탄소화합물은 궁극적으로 이산화탄소로 산화되어 공기에 포함된 뒤 광합성으로 다시 생명체에 들어오면서 순환한다. 이러한 탄소순환은 생지화학순환의 가장 기본 과정이다.

지구에 있는 탄소는 대부분 암석과 땅속 퇴적물에 저장되어 있다. 나머지 탄소의 저장량은 해양, 대기, 생명체 순으로 적어진다. 탄소는 다양한 경로를 따라 여러 저장소를 순환한다. 지구 전체로 보면 생명체가 살아 숨 쉬는 땅과 물 그리고 하늘을 아우르는 공간은 지구 표면의 얇은 층이다. 이를 생물권biosphere이라고 하는데, 여기에서 탄소는 주로 먹이사슬을 통과하며 생명체를 거쳐 다른 저장소, 특히 대기를 오간다. 광합성을 통해 대기에서 생명체로 들어왔다가 호흡으로 배출되어 대기로 돌아가는 과정을 반복하는 것이다. 이렇게 돌고 도는 과정에서 이산화탄소의 이출입량은 거의 일정하게 유지된다. 생물권에서 탄소순환의 주축을 이루는 광합성과 호흡이 균형을 이루는 것이다. 그런데 최근 들어 탄소순환의 균형추가 한쪽으로 급격히 기울어지기 시작했다.

지구 생명체의 화학적 기반인 탄소는 오늘날 세계경제를 주도하는 에너지인 화석연료의 주성분이기도 하다. 화석연료는 아득한 옛날에 살았던 생명체의 사체가 퇴적물에 묻힌 다음 수백만 년에 걸쳐 화석화된 것이므로 당연히 탄소화합물이다. 따라서 화석연료 소비량이 증가할수록 대기로 배출되는 이산화탄소량이 늘어나는 것은 당연하다. 하지만 배출되는 이산화탄소량이 늘어날수록 탄소순환에 미치는 부정적 영향이 너무나 커진다. 이산화탄소가 주성분인 온실가스가 지구 대기층에서 방출되는 열을 너무 많이 잡아둔 결과, 지구온난화를 가속함으로써 기후변화를 비롯한 많은 환경문제를 일으키고 있는 것이다.

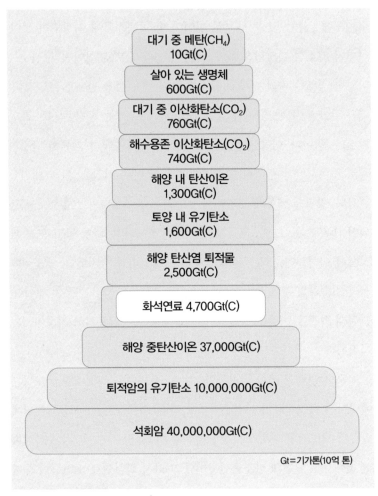

| 그림 5-4 | **지구 내 탄소 저장량**[1]

2023년 3월, '기후변화에 관한 정부 간 협의체Intergovernmental Panel on Climate Change, IPCC'가 발표한 보고서에는 매우 불편한 전망이 실려 있다. 산업혁명 이후 인간의 활동으로 발생한 온실가스 때문에 지구의 온도 상승세가 가팔라졌으며 이대로 간다면 지구 표면 온도가 2040년에는 지금보다 섭씨 1.5도, 2100년에는 무려 섭씨 3.2도 정도나 올라갈 것이라는 예측이었다. IPCC는 기후변화와 관련된 전 지구적 위험을 평가하고 국제적 대책을 마련하기 위해 1988년에 세계기상기구World Meteological Organization, WMO와 유엔환경계획United Nations Environment Programme, UNEP이 공동으로 설립한 유엔 산하 국제 협의체다. IPCC는 기후변화 문제의 해결을 위한 노력을 인정받아 2007년 노벨 평화상까지 받았으며, 약 5년에 한 번씩 보고서를 발표해 기후변화에 대응하는 글로벌 대책 마련의 가이드라인을 제시한다.

이번 제6차 IPCC 보고서 발표와 관련한 기자회견에서 안토니오 구

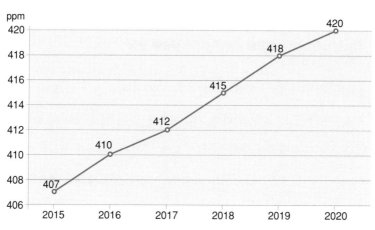

| 그림 5-5 | **지구의 이산화탄소 농도 변화**[2]

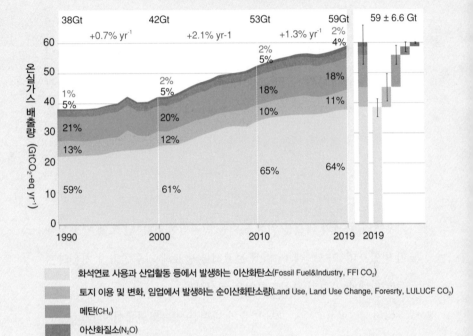

온실가스 순배출량(1990~2019)

38Gt +0.7% yr⁻¹ 42Gt +2.1% yr-1 53Gt +1.3% yr⁻¹ 59Gt 59 ± 6.6 Gt

화석연료 사용과 산업활동 등에서 발생하는 이산화탄소(Fossil Fuel&Industry, FFI CO₂)

토지 이용 및 변화, 임업에서 발생하는 순이산화탄소량(Land Use, Land Use Change, Foresrty, LULUCF CO₂)

메탄(CH₄)

아산화질소(N₂O)

불소가스(F-gases)

| 그림 5-6 | IPCC에서 발표한 세계 온실가스 배출량 추이[9]

테흐스António Guterres 유엔사무총장은, 인류가 살얼음판 위에 서 있고 그 얼음은 빠르게 녹고 있다며 기후변화를 막기 위해 조속히 행동해야 한다고 강하게 주문했다. 아울러 2030년까지 전 세계 온실가스 배출량을 2019년 대비 43퍼센트 감축해야 한다는 구체적인 목표를 제시하면서, 넷제로Net Zero 달성 시점을 선진국은 2040년, 개발도상국은 2050년으로 앞당길 것을 촉구했다. 넷제로란 6대 온실가스(이산화

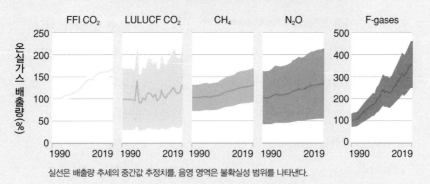

온실가스 종류별 배출량과 불확실성 범위(1990년 대비)

실선은 배출량 추세의 중간값 추정치를, 음영 영역은 불확실성 범위를 나타낸다.

	2019년 배출량 (GtCO₂-eq)	1990~2019년 증가량 (GtCO₂-eq)	1990년 대비 2019년 배출량 (%)
FFI CO₂	38±3	15	167
LULUCF CO₂	6.6±4.6	1.6	133
CH₄	11±3.2	2.4	129
N₂O	2.7±1.6	0.65	133
F-gases	1.4±0.41	0.97	354
합계	59±6.6	21	154

탄소, 메탄, 아산화질소, 수소불화탄소, 과불화탄소, 육불화황)의 순배출량을 '0'으로 만드는 것이다.

온실가스는 이름 그대로 지구를 온실처럼 따뜻하게 만드는 기체를 일컫는다. 태양에서 온 에너지는 지구에서 활용되거나 저장되지만, 궁극적으로는 열의 형태로 지구에서 빠져나간다. 온실가스는 이렇게 지구를 떠나는 열을 일부 가두어 기온을 높인다. 쉽게 말해서 지구 전체에 담요를 덮는 것과 같은 효과를 낸다. 만약 온실가스가 없다면 지구의 평균기온은 거의 섭씨 영하 20도까지 곤두박질칠 것이다. 온실가스 덕분에 인간을 비롯한 다양한 생명체가 전 지구에 퍼져 살 수 있다. 하지만 지난 세기 동안 인간의 활동으로 급증한 온실가스 때문에 온실효과가 가속화되면서 시작된 지구온난화가 갈수록 심각해지고 있다.

온실가스는 열 흡수력과 대기에 머무는 시간이 저마다 달라서 지구온난화에 미치는 영향도 모두 제각각이다. 이에 과학계에서는 지구온난화지수Global Warming Potential, GWP를 고안해 그 영향력을 비교한다. GWP는 이산화탄소 대비 해당 온실가스 1톤이 일정 기간 흡수하는 열량을 측정한 값인데, 보통 20년, 50년, 100년 단위 자료로 계산한다. 계산 구간을 설정하는 방식에 따라 GWP의 값이 달라진다. 또한 상수 1로 고정된 이산화탄소 GWP를 기준으로 상대적 수치를 구하기 때문에 이산화탄소 대비 대기 체류시간에 따라 해당 온실가스의 GWP가 달라진다. 예를 들어 메탄의 100년 기준 GWP는 27~30으로, 20년 기준 GWP인 81~83보다 훨씬 작다.[6] 이산화탄소보다 대기 체류시간이 짧은 메탄의 GWP 수치가 더 큰 이유는 메탄이 더 많은 열을 흡수하기 때문이다. 다시 말하지만 메탄이 이산화탄소보다 더 강력한 온실가스다.

구테흐스 유엔사무총장은 앞서 살펴본 기자회견에서 지난 두 세기 동안 가속된 지구온난화는 사실상 전부 인간의 책임이라고 말하며 다음과 같이 덧붙였다.

"최근 50년 동안 기온이 상승한 폭은 인류 역사에서 최고 수준에 이르며, 기후 시한폭탄이 똑딱거리며 작동하고 있다."

　오늘날 지구온난화 문제는 온실가스 자체가 아니라 인간 활동이 초
래했음을 명백히 밝힌 것이다. 이제 온실가스 배출량 감축은 인류의
안녕을 넘어 생존이 걸린 문제다. IPCC는 2023년에 발표한 제6차 보
고서에서 모두가 살 만하고 지속할 수 있는 미래를 확보할 기회의 문
이 빠르게 닫히고 있다며 '기후탄력적 개발climate resilient development,
CRD'을 그 해법으로 제시했다. 이는 온실가스 배출을 하지 않거나 배출
량을 감축하는 기술을 개발해서 온실가스 완화 및 적응 조치를 시행해
지속가능한 발전을 지원하는 것을 말한다.

기후탄력적 개발을 위한 노력, 생물연료

지구온난화와 이로 인한 기후변화의 원인이 대부분 농축산업을 포함
한 인간의 활동에서 비롯되었으며 그 중심에 화석연료 사용량의 급증
이 있다는 주장에는 이견이 없는 것 같다. 그렇다면 친환경 에너지를
개발하지 않으면 미래 인류의 번영은 물론이고 생존 자체를 낙관할 수
없다는 결론에 이른다. 이러한 실정에서 바이오매스biomass를 원료로
사용해서 만드는 생물연료biofuel가 유망한 친환경 대체에너지 후보로
떠오르고 있다. 생명bio과 덩어리mass를 합친 말인 바이오매스는 일정
공간에서 살아가는 모든 생명체를 통틀어 이른다. 최근에는 톱밥과 볏

짚부터 음식물 쓰레기나 가축의 분뇨에 이르기까지 인간 활동에서 발생하는 유기성 폐기물도 바이오매스로 간주한다. 바이오매스는 그대로 땔감으로 써도 되지만, 미생물을 이용해 훨씬 더 유용한 생물연료로 만들 수 있다.

생물연료는 사용하는 원료에 따라 1, 2, 3세대로 구분한다. 바이오에 탄올bio-ethanol로 대표되는 1세대 생물연료는 주로 옥수수나 사탕수수 같은 농작물에서 추출한 당분을 발효시켜 생산한다. 이런 생산방식의 가장 큰 단점은 생물연료를 생산하는 데 필요한 만큼 해당 작물의 생산량을 늘려야 한다는 것이다. 따라서 토지와 비료가 추가로 필요하기 때문에 숨은 비용이 만만치 않고, 식량자원을 소비해야 한다는 문제점도 안고 있다. 이런 문제를 해결하기 위해 2세대 생물연료는 비식용 작물이나 농산물 폐기물을 원재료로 활용한다. 그러나 2세대 생물연료 역시 원재료 작물을 재배하려면 토지와 비료가 필요하다. 또 추가 경작지를 확보하기 위해 벌채를 해야 한다면 생물다양성을 해칠 수 있다. 게다가 화석연료를 기반으로 한 인공 질소비료를 사용하면 이산화탄소 발생량을 증가시키는 꼴이 된다. 물 사용도 간과할 수 없는 문제다. 수자원이 충분하지 않은 지역에서는 생물연료 생산용 식물을 재배하는 것이 물 수급 문제를 초래할 수 있기 때문이다.

이런 1~2세대 생물연료의 난제를 해결하고자 개발하고 있는 3세대 생물연료의 주역이 바로 조류algae다. 뿌리, 줄기, 잎이 뚜렷하게 구분되지 않는 광합성 생물을 아우르는 조류는 크게 대형조류와 미세조류로 나뉜다. 전자는 미역과 파래, 김처럼 밥상에서, 후자는 적조 또는 녹조가 발생했다는 뉴스에서 접할 수 있는데, 생물연료 생산용으로는 미세조류가 훨씬 더 관심을 끈다.

무엇보다도 조류 재배에는 넓고 비옥한 땅이 필요 없다. 그저 풍부한 햇빛과 자연수만 있으면 된다. 아울러 거의 매일 수확할 수 있다. 시범운영 중인 일부 조류 생산시설에서는 근처 발전소에서 대기로 방출되는 이산화탄소를 활용해 광합성을 촉진함으로써 조류를 더 빨리 자라게 한다. 생물연료 원재료도 생산하고 이산화탄소 배출량도 줄이는 일거양득 효과를 톡톡히 보는 셈이다.

같은 면적에서 조류는 옥수수보다 약 40배 더 많은 에너지를 생산해낸다. 보통 조류는 무게의 20퍼센트 이상이 기름일 정도로 기름 함량이 높기 때문이다. 조류에서 짜낸 기름은 바이오디젤bio-diesel로 가공된다. 남은 찌꺼기에도 탄수화물과 단백질이 풍부해서 바이오에탄올 생산에 다시 이용할 수 있고 동물 사료로 쓸 수도 있다. 이러한 장점 덕분에 미세조류는 이미 1970년대부터 화석연료를 대체할 수 있는 유망한 에너지원으로 많은 연구자가 눈도장을 찍었다. 그러나 반세기에 걸친 노력에도 미세조류를 생물연료로 실용화하기에는 아직 극복해야 할 문제가 많이 남아 있다.

미세조류를 기반으로 한 연료 생산의 실용화를 가로막는 가장 큰 장벽은 총생산비의 절반가량을 차지하는 수확 비용이다. 드넓은 물에 퍼져 있는 작디작은 미세조류(보통 2~20마이크로미터)를 어떻게 거두어들여야 할까? 가라앉히든지 걸러내든지 둘 중 한 가지 방법을 써야 한다. 살아 있는 미세조류의 표면은 음성을 띠므로 금속염 같은 양성 화합물을 응집제로 투여하거나, 원심분리기를 이용해 미세조류를 침전시킬 수 있다. 아니면 대용량 필터로 거르는 방법도 있다. 하지만 어떤 방법을 선택하든 엄청난 양의 물에서 미세조류를 분리해내려면 대량의 에너지를 써야 한다.

자칫하다가는 배보다 배꼽이 커질 수도 있는 상황이지만, '생물학적 응집biological flocculation'이 이러한 장벽을 넘어설 기대주로 떠오르고 있다. 이는 인공화합물 대신에 미생물 유래 물질이나 미생물 자체를 미세조류에 붙여 함께 가라앉히는 방법이다. 효율이 높을 뿐 아니라, 산업 폐기물 따위를 이용해 응집제용 미생물을 대량 배양할 수 있기 때문에 운용 비용이 크게 절감된다. 실제로 2018년 미국 미시간주립대학교의 한 연구진은 해양 미세조류와 곰팡이를 결합해서 미세조류의 수확량을 늘리고 기름 함량까지 증가시킨 연구 성과를 발표했다.[5]

연구에서 사용한 나노클로롭시스Nannochloropsis 속 미세조류는 바닷물과 빛만 있으면 실험실 배양기에서는 물론이고 노천 연못에서도 잘 자라고, 기름 함량이 건조 중량의 최대 60퍼센트에 달한다. 특히 오메가3지방산을 비롯한 고급 불포화지방산이 풍부해서 '녹색 황금'으로 불리며 건강식품으로도 주목받고 있다. 아울러 유전체가 상대적으로 작고 단순해 첨단 생명공학 기술로 유전자 개량을 하기가 그만큼 쉽다는 이점도 있다. 한편 모르티에렐라Mortierella 속 곰팡이는 하수를 이용해서 배양할 수 있기 때문에 생물응집제 생산 비용이 크게 줄어든다. 모르티에렐라 오일은 피부 보습과 항균 효과가 뛰어나 기능성화장품 생산에 사용되기도 한다.

미세조류 나노클로롭시스와 곰팡이 모르티에렐라를 섞어 키우면서 전자현미경으로 이들의 결합 과정을 관찰하던 연구진은 흥미로운 모습을 발견했다. 혼합배양을 한 지 일주일이 지나자 곰팡이에 달라붙은 조류의 모양이 확연히 달라진 것이다. 매끈한 바깥층이 벗겨지고 그 아래에 있는 돌기들이 드러나면서 오톨도톨해졌다. 게다가 시간이 지나면서 미세조류가 곰팡이 세포 속으로 들어가기까지 했다. 곰팡이 안에 자리 잡은 조류는 여전히 왕성하게 광합성을 하면서 계속 증식했다. 그렇게 미세조류와 곰팡이는 두 달에 걸친 혼합배양 기간 내내 하나가 되어 살았다. 그동안 조류는 수분과 다른 영양소를 어떻게 섭취할지 걱정하지 않고 햇빛만 있으면 살 수 있게 됐다. 곰팡이 역시 당분과 산소를 만들어내는 유능한 농부를 들인 셈이니 이런 공생을 마다할 이유가 없었다. 곰팡이가 미세조류를 안으로 완전히 받아들이는 게 서로에게 훨씬 더 유리한 것이다. 연구진은 이러한 공생 방식이 대략 5억 년 전 식물이 땅에 자리 잡는 데 중요한 역할을 했을 것이라고 추정했다. 현재로서는 이러한 추정을 입증할 수 없지만 그 가능성은 열려 있다.

2차전지 다음을 준비하라

또 다른 한편에서는 연료전지fuel cell에 미생물을 결합해서 생산하는 기술을 선보이고 있다. 연료전지는 일회용 건전지(1차전지)와 리튬전지 같은 충전식 2차전지에 이어 3차전지로 분류된다. 전지 안에 미리

채워놓은 화학물질에서 나오는 화학에너지를 전기에너지로 바꾸는 1, 2차 전지와는 달리 연료전지는 연료와 산소를 계속 공급해 지속적으로 전기를 만들어낸다.

연료전지의 가장 기본적인 형태인 수소연료전지hydrogen fuel cell, HFC는 물을 전기분해하면 전극에서 수소와 산소가 발생하는 반응을 거꾸로 이용한다. 수소를 연료로 공급해 공기 중의 산소와 반응시켜 전기를 만드는 것이다. HFC는 화석연료를 이용하는 터빈발전기보다 에너지 효율이 높고 온실가스 발생이 적은 친환경 에너지원이다. 하지만 HFC도 상용화하려면 경제적인 수소 생산과 저장 기술을 개발해야 하는 등 큰 산을 넘어야 한다. 그런데 이런 힘겨운 등반길에 뜻밖의 조력

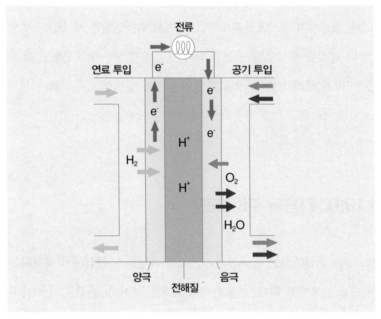

| 그림 5-7 | **수소연료전지**

자가 등장했다. 미생물이 연료전지 속으로 들어온 것이다.

미생물연료전지microbial fuel cell, MFC는 미생물의 호흡을 바탕으로 화학에너지를 전기에너지로 전환하는 장치다. 쉽게 말해서 연료전지 안에 특정 미생물을 넣은 다음 수소 같은 연료 대신 먹이를 주고 미생물이 세포호흡으로 전자를 배출하게 한다. 그러고는 그 전자를 연료전지와 마찬가지로 음극과 양극 사이로 흐르게 한다. MFC의 장점 가운데 하나는 미생물의 먹이로 폐기 유기물을 사용하면 대체에너지도 생산하면서 환경도 정화할 수 있다는 것이다.

미생물, 특히 세균은 우리가 보기에 역겨운 것들을 아주 잘 먹는다. 특히 상당수의 세균은 우리의 오줌을 먹고 힘을 얻는다. 이를 본 과학자들이 기발한 아이디어를 냈다. 이 세균을 이용해 오줌으로 전기를 만들기로 한 것이다. 황당한 소리로 들리겠지만 사실이다. 오줌으로 휴대전화를 충전하고 전등을 밝히는 기술이 이미 개발되었다. 2015년 영국 브리스톨웨스트잉글랜드대학교의 한 연구진이 소변기에 MFC를 달아 화장실 한 칸을 밝히는 데 충분한 전기를 생산했다. 그리고 1년 뒤에는 휴대전화 충전에도 성공했다.[6]

오줌이 석유라면 똥은 석탄이라 할 수 있다. 동물 분뇨에도 에너지가 많이 들어 있다. 잘 마른 가축의 똥은 훌륭한 연료다. 냄새가 없고 화력도 좋다. 물론 탈 때 연기는 조금 나지만 석탄이나 장작도 연기가 나는 것은 마찬가지다. 그래서 가축 분뇨를 에너지로 바꾸는 MFC 기술개발 연구가 활발하게 진행되고 있다. 최신 기술 연구의 핵심 요소는 크게 두 가지다. 먼저 가축 분뇨를 MFC 연료로 이용해서 전기를 생

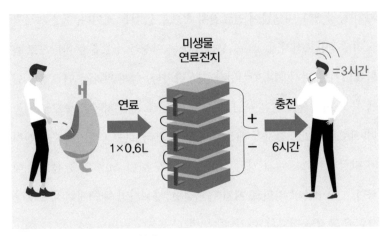

| 그림 5-8 | **오줌전기 생산의 원리**

산한다. 에너지를 뽑아낸 가축 분뇨는 조류 배양에 이용하는데, 여전히
질소와 인, 포타슘 등 미네랄 성분이 풍부하게 남아 있기 때문에 비료
로 안성맞춤이다.

　미생물을 이용한 MFC와 생물연료 생산 같은 기술을 완전히 실용
화하려면 아직은 시간이 좀 더 필요하다. 하지만 미생물이 대체에너지
개발과 환경문제 해결에 매우 중요한 역할을 할 것이라는 사실만은 확
실하다.

결국 우리 삶은 미생물에 달려 있다

1970년대 후반 영국 과학자 제임스 러브록James Lovelock은 지구가 다
양한 생물과 비생물 요소 사이에 일어나는 무수한 상호작용을 통해

자기조절능력을 발휘한다고 주장했다. 그는 자신이 내세운 가이아 가설Gaia hypothesis만큼이나 특이한 사람이다(가이아Gaia는 그리스신화에 나오는 대지의 여신이다). 미국 항공우주국 나사National Aeronautics and Space Administration, NASA를 비롯해 저명한 연구 기관에서 활발하게 연구하다가, 어느 날 갑자기 이 모든 것을 박차고 나와 자기 집에 실험실을 차렸다. NASA에 근무하던 시절 러브록은 화성 탐사 계획인 바이킹 계획Viking project에도 참여해 우주선이 화성에 착륙한 다음 생명체의 흔적을 찾는 방법을 개발하기도 했다. 바로 이 과정에서 지구생물권의 작동 방식을 새로운 관점에서 보게 되었다고 한다.

화성을 포함한 다른 행성과 달리 지구에서는 대기 조성이 계속 변한다. 그러나 그 변화의 폭은 아주 좁고 그 범위도 지구 생물이 살아온 역사 내내 현재의 대기 조성 비율과 크게 다르지 않았다. 바다의 염도와 지구 온도도 마찬가지다. 러브록은 이 모든 것이 지구가 일종의 초유기체로 작동하는 증거라고 주장했다. 가이아가설을 지지하는 사람들은 현대문명이 지구의 균형을 깨뜨리고 있으며, 우리는 지구의 자기조절을 보호해야 한다고 말한다. 다소 과장되고 심지어 유사과학처럼 보일 수 있지만 나름 시사하는 바가 있다.

1991년 미국 애리조나주 사막에 거대한 온실이 모습을 드러냈다. 바이오스피어2Biosphere2로 명명된 이 유리 돔 구조물은 축구장 2개만 한 넓이에 아파트 2층 높이로 지구의 축소판을 만들기 위해 지어졌다. 생명체가 지구처럼 태양에너지에만 의존해 유한한 자원을 재활용하며 살 수 있는 환경을 창조하고자 했던 것이다. 참고로 바이오스피어1은 지구에서 생물이 사는 곳 전체, 곧 지구 생태계를 지칭한다. 이 지구 모형 바이오스피어2에는 약 3,000종에 달하는 동식물이 투입되었다. 내부는 3개의 구역(거주 구역, 농업 구역, 자연 구역)으로 나누고, 자연 구역은 다시 5개의 생물권(열대우림, 사바나, 습지대, 바다, 사막)으로 나누었다. 여기에 입주한 사람들은 햇빛을 제외하고는 외부와 완전히 격리된 채 2년간 자급자족 생활을 했다. 처음 몇 달간은 모든 생활이 정상적으로 이루어졌다. 그런데 어느 순간 갑자기 산소량이 감소하고 이산화탄소량이 급증하기 시작했다.

예기치 못한 대기 조성의 변화는 결국 지구 모형 내의 기후변화로 이어졌다. 그러자 생물들이 하나씩 사라지기 시작했다. 꽃가루를 옮기는 곤충도 예외가 아니었다. 수분이 제대로 이루어지지 않으니 식물도 같은 처지에 놓였다. 식물이 하나씩 사라지자 광합성도 줄어들었다. 이산화탄소량이 갈수록 증가하는 악순환에 빠져든 것이다. 늘어난 이산화탄소량을 감당하기에는 인공바다도 역부족이었다. 녹아드는 이산화탄소량이 늘어나면서 바닷물의 산성화가 가속화했다. 산호가 먼저 사라졌고, 곧이어 여러 해양생물이 없어지기 시작했다. 지구 모형의 생명부양 시스템이 붕괴한 것이다. 입주 대원들이 2년간의 사투를 끝내고 온실 밖으로 나올 때는 함께 들어간 동식물의 90퍼센트 이상이 멸종한 상태였다.

바이오스피어2 내부의 산소량이 감소한 원인을 두고 몇 가지 주장이 제기되었다. 먼저 유리 온실 내부에 만들어진 콘크리트 구조물이 산소를 엄청나게 흡수했다는 의견이 나왔다. 곧이어 일조량이 부족해서 식물의 광합성이 원활하게 이루어지지 못했고, 그래서 산소 생산량도 함께 줄었다는 사실이 밝혀졌다. 하지만 뜻밖의 문제가 가장 큰 원인이었다. 바이오스피어2 건설 과정에서 눈에 보이는 동식물군은 골고루 잘 조성했다. 또한 농사를 잘 짓기 위해 유기물 함량이 높은 비옥한 흙도 넣어주었다. 바로 이 흙이 문제였다.

흙 속에 있던 미생물들은 풍부한 먹이(유기물) 덕분에 급격히 증가했다. 산소로 숨을 쉬며 이산화탄소를 내뿜는 미생물의 수가 많아진 것이다. 급기야는 이산화탄소 농도가 식물의 광합성으로 조절할 수 있는 범위를 벗어났다. 자연생태계의 모든 관계는 기본적으로 생존을 위한 먹이 획득 경쟁에서 시작한다. 유한한 먹이를 더 많이 차지하기 위해 벌이는 경쟁에서 모든 생명체가 항상 충분한 양을 확보하는 것은 거의 불가능하다. 그렇기에 자연에서 모든 생명체는 늘 배고픈 상태고, 그래서 더 열심히 먹잇감을 찾아 나선다. 이러한 과정을 반복하면서 효과적인 먹이 획득 방법을 터득해 성공적으로 경쟁할 수 있는 생물종들은 그렇지 못한 종들을 물리치고 번성한다. 하지만 이 경쟁에서 승리했다고 모든 문제가 해결되는 것은 아니다. 승자들도 자신들의 개체수가 증가함에 따라 또 다른 문제를 맞이하기 때문이다.

생물은 성장하고 증식하므로 시간이 지나면서 개체군의 밀도가 높아진다. 환경 제약이 전혀 없고 성장에 필요한 영양분이 무한하게 공급되는 이상적인 조건에서 각 생명체는 계속해서 성장할 수 있다. 그러나 무한한 자원을 전제로 하는 이러한 성장은 현실적으로 불가능하다. 실제 환경에서는 개체수가 많아짐에 따라 필연적으로 자원은 점점 감소하기 때문에 한 서식지를 차지하는 개체의 수에는 한계가 있을 수밖에 없다.

바이오스피어2도 애초부터 미생물이 증식하는 조건을 고려했다면, 엄청난 노력과 비용이 들어간 프로젝트가 이렇게 허무하게 끝나지는 않았을지도 모르겠다. 하지만 바이오스피어2가 완전한 실패작은 아니다. 이를 계기로 하나뿐인 지구, 바이오스피어1의 소중함과 미생물의 힘을 실감했기 때문이다.

지구 전체에서 생물권은 지구 표면의 얇은 층이다. 그런데 이곳의 극히 일부를 차지하며 살고 있는 인간이 이곳의 주인 행세를 해왔다. 반면 미생물은 생물권 전체의 물질순환을 관장하고 화학적 균형을 유지함으로써 모든 생명체의 존립에 필수적인 역할을 은밀하게 수행하고 있다. 그 생생한 모습은 일상에서도 어렵지 않게 볼 수 있다.

예를 들어 숲속 오솔길을 걷다보면 길가 덤불 속에 덩그러니 쓰러져 있는 나무를 마주치곤 한다. 때로는 나무 표면에 줄지어 난 버섯도

| 그림 5-9 | **목재부후균**

볼 수 있다. 언뜻 커다란 비늘들이 일어선 것 같아서 징그러울 수 있다. 그러나 미생물 공부를 업으로 하는 나는 죽음과 삶을 연결하는 미생물 모습에 이끌려 가까이 다가가 살펴보기 일쑤다. 버섯은 진균fungi, 쉬운 말로 곰팡이에 속하는 미생물이다. 곰팡이라고 하면 흔히들 상한 음식 에 핀 가느다란 실타래 같은 모양을 떠올리는데, 이렇게 팡이실(균사) 을 펼치는 곰팡이를 모양 그대로 사상균綠狀菌이라고 한다. 버섯은 팡이 실이 겹치고 두꺼워지면서 위로 자란 것으로, 팡이실이 겹겹이 쌓인 구조체다. 그리고 빵이나 맥주 등을 만들 때 사용하는 효모(이스트)도 곰팡이의 한 종류다.

미생물학에서는 나무에 피는 버섯을 목재부후균wood decay fungi이라 고 한다. 부후(썩을 부腐, 썩을 후朽)는 썩는 현상 또는 과정을 뜻하는 한 자어이니, 목재부후균은 글자 그대로 나무를 썩게 하는 곰팡이 무리를 말한다. 잘 알고 있는 것처럼 나무는 잘 썩지 않는다. 이런 특성 덕분에 예로부터 인류는 나무로 집을 짓고 배와 가구를 비롯해서 각종 도구와 생활용품을 만들어 사용해왔다. 목재가 오랫동안 견고하게 버틸 수 있 는 이유는 미생물이 목재를 쉽사리 분해하지 못하기 때문이다.

나무는 콘크리트 기둥과 같다. 철근에 해당하는 셀룰로스cellulose(섬 유소)를 철사 격인 헤미셀룰로스hemicellulose(반섬유소)가 연결하고, 여 기에 시멘트 역할을 하는 리그닌lignin이 더해져 단단한 목질이 만들어 진다. 이렇게 복잡하고 견고한 구조체를 혼자 힘으로 해체할 수 있는 미생물은 아직 발견되지 않았다. 목재부후균도 종류에 따라 고유한 효 소를 만들고 나무의 이 세 가지 주요 성분을 선택적으로 분해해서 영

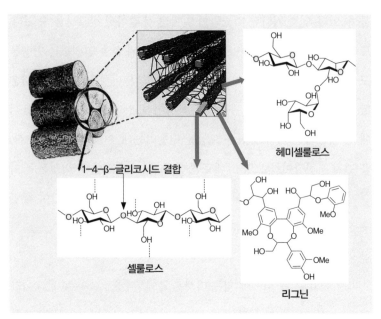

헤미셀룰로스

1-4-β-글리코시드 결합

셀룰로스

리그닌

| 그림 5-10 | **나무의 구조**

양분으로 이용한다.

썩어가는 나무는 보통 흰색이나 갈색이다. 리그닌 분해능력이 뛰어
난 버섯이 피면 나무의 색이 점점 하얘진다. 짙은 갈색인 리그닌이 먼
저 제거되기 때문이다. 그래서 리그닌을 먼저 분해해서 나무를 하얗게
썩히는 버섯을 백색부후균white rot fungi이라고 한다. 표고버섯과 느타
리버섯처럼 우리가 흔히 먹는 버섯 가운데에도 백색부후균이 여럿 있
다. 이와는 대조적으로 갈색부후균brown rot fungi은 셀룰로스와 헤미셀
룰로스를 주로 분해해서 리그닌 성분을 많이 남기기 때문에 나무를 갈
변시킨다. 약용버섯으로 쓰이는 꽃송이버섯과 덕다리버섯 등이 갈색
부후균에 속한다. 백색부후균은 주로 활엽수를, 갈색부후균은 주로 침

엽수를 분해한다.

　생태계에서, 생산자에서 출발한 물질은 어디를 통과하든지 간에 최종적으로 분해자에게 모였다가 다시 생산자에게로 돌아온다. 궁극적으로 모든 생명체는 죽음을 맞이하고, 그 사체가 분해되어 생산자가 새로운 영양분을 만드는 원료로 다시 쓰이기 때문이다. 산 자와 죽은 자를 연결하는 분해자의 역할은 세균과 곰팡이를 비롯한 미생물만이 해낼 수 있다. 한마디로 지구에서 눈에 보이는 모든 삶은 보이지 않는 미생물에게 의존하고 있다는 뜻이다. 가이아는 지구의 모든 생물을 보살펴서 어울려 살게 하는 신이다. 그렇다면 러브록이 말한 가이아의 정체가 혹시 미생물은 아닐까?

　2010년대 초반 인터뷰에서 러브록은 자기 직업을 '행성 의사'라고 새롭게 소개하고, 가이아의 복수가 이미 시작되었다고 말했다. 그러면서 인류의 산업문명 때문에 발생한 기후변화를 이대로 방치한다면 인류는 21세기가 끝나기도 전에 유명을 달리할 것이고, 극소수만이 극지방 정도에 살아남을 것이라는 암울하고 섬뜩한 진단을 내놓았다. 러브록은 103세가 되던 2022년 7월 26일에 영원히 눈을 감았다.

미생물에게도 난감한 플라스틱 시대, 생각을 전환하라

1997년 태평양 한가운데 무풍대에서 지도에도 없는 거대한 섬이 발견되었다. 그런데 그 존재에 대한 경이는 이내 그 실체에 대한 경악으로 바뀌었다. 대략 한반도 면적의 6배에 달하는 그 섬은 바다로 유출된 플라스틱이 해류를 타고 몰려와 만들어진 쓰레기 더미였다.

　현대인 대부분이 거의 플라스틱 중독 상태라고 해도 과언이 아닐 것이다. 비닐봉지와 각종 일회용품 등 우리가 매일 무심코 사용하고 버리는 플라스틱 제품이 얼마나 많은지 생각해보자. 자신은 플라스틱 중독이 아니라고 당당하게 말할 수 있는 사람이 얼마나 될까? 게다가 우리나라는 1인당 플라스틱 소비량 부문에서 세계 1등을 다투고 있다.

　전 세계적으로 매년 거의 2,000만 톤의 플라스틱이 바다로 유출된다고 한다. 이제 망망대해 그 어디에도 플라스틱이 미치지 않는 곳은 없다. 심지어 남극 바다에서도 플라스틱 파편, 특히 미세플라스틱microplastics이 발견되고 있다. 미세플라스틱은 지름이 5밀리미터 미만인 플라스틱 입자를 가리킨다. 바다로 흘러든 플라스틱은 강렬한 햇빛을 받아 파도에 휩쓸리면서 서서히 부서진다. 하지만 플라스틱은 앞서 살펴본 오수 속 유기물처럼 완전히 분해되어 사라지는 게 아니라 계속 작아지기만 할 뿐이다. 환경정화를 담당하는 해양 미생물이 자신의 역할을 다할 수 없기 때문이다. 왜 그럴까?

　미생물은 모든 천연물질을 분해할 수 있다. 그러나 플라스틱처럼 본래 자연에 존재하지 않는 인공 합성물질의 경우에는 이야기가 달라진다. 미생물은 플라스틱을 접해본 적이 없어서 어떻게 다루어야 할지 모른다. 학술적으로 말하면 플라스틱을 분해할 수 있는 대사 경로나 효소가 없거나 있더라도 활성이 낮다. 그나마 플라스틱을 분해하더라도 그 속도가 너무 느리다. 주변의 환경 조건에서 아무리 먹성 좋은 미생물이라도 수온이 낮거나 하면 선뜻 생소한 플라스틱을 먹어치우기는 힘들다. 그들도 난감하다.

바다는 인류 삶의 보고이자 근원이다. 다양한 수산자원과 쉼터를 제공하는 것은 말할 나위도 없고, 지구의 기후 균형을 유지하는 중추다. 그러므로 플라스틱 오염처럼 인간의 활동 때문에 발생한 해양 생태계 변화는 전 지구적으로 심각한 영향을 미칠 수밖에 없다. 비교적 큰 미세플라스틱은 물고기와 새를 비롯한 큰 해양동물에게 위협이 되고, 작은 미세플라스틱은 먹이사슬 아래쪽에 있는 조개와 동물성 플랑크톤 등에게 영향을 미친다. 그리고 이들이 섭취한 미세플라스틱은 결국 단계적으로 먹이사슬 위쪽에 전해져 축적된다. 이 상태가 지속한다면 해양의 생물과 생태계는 물론이고 결국에는 인류 건강에도 재앙을 초래할 것은 불을 보듯 뻔하다.

최악의 시나리오가 현실이 되지 않게 하려면 전 지구인이 플라스틱 사용량을 줄이기 위해 노력해야 한다. 생태학에서는 해당 환경이 부양할 수 있는 개체군의 크기, 곧 지속해서 생존 가능한 개체수를 환경수용력carrying capacity(K)이라고 정의한다. 보통 개체군은 초기에는 느리게 성장하지만, 개체수가 일정한 규모에 도달하면 증가 속도가 빨라지다가 다시 느려져 결국에는 증가하지 않게 된다. 이러한 현상을 도표로 나타내면 K값에 수렴하는 S자형 생장곡선이 된다. 자연생태계에서 그 어떤 생물 개체군도 무한히 증가할 수 없다. 인간도 예외는 아니다.

조금만 생각해보면, 지구의 인간수용력은 전 인류가 먹고살 만한 식

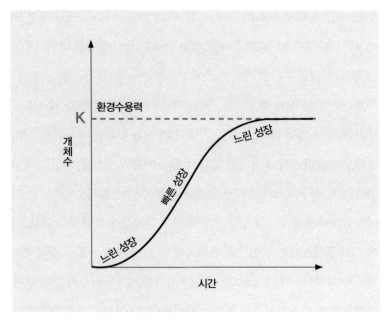

| 그림 5-11 | **환경수용력의 S자형 생장곡선**

량을 생산하는 것 이상을 의미한다는 사실을 깨닫게 된다. 개인의 성
향이나 환경에 따라서 원하는 생활양식과 생활의 질이 크게 다르기 때
문이다. 인구 증가와 식량 생산량을 단순 비교하는 것으로 지구의 인
간수용력을 가늠할 수는 없다. 그래서 1971년에 인구 증가에 따른 환
경 영향Impact, I을 평가하는 데 개체군의 크기Population, P와 함께 1인당
국민소득으로 나타나는 부유함Affluence, A 정도와 발생한 오염물질 양
으로 각각 나타나는 기술Technology, T 정도를 고려한 다음의 등식이 제
안되었다.[7]

$$I = PAT$$

이 식을 이용해 인간이 환경에 가하는 부담을 국가별로 비교하면, 부유한 국가일수록 상대적으로 지구에 더 많은 환경 부담을 주는 것으로 나타난다. 경제적 여유가 있으면 소비가 증가하고 결국 더 많은 자원을 소비하기 때문이다. 이로써 지구가 인간을 수용할 능력이 결정되는 데는 전체 인구수라는 양적 요소보다 인간의 생활양식이라는 질적 요소가 더 큰 영향을 미친다는 사실을 인식하는 전환기를 맞았다.

1970년대에 시작된 환경수용력 평가에 대한 패러다임은 1990년대에 생태발자국ecological footprint[8]이라는 측정 지표를 개발하면서 또 한 번 전환을 맞이했다. 생태발자국은 기존의 환경수용력 계산 방식을 뒤집어서, 인구수가 아니라 특정 수의 사람이 지속해서 사는 데 필요한 땅의 면적을 계산한다. 쉽게 말해서 우리의 일상생활을 유지하는 데 필요한 자원의 생산과 폐기에 드는 비용을 토지 면적으로 환산해서 나타낸 지수다. 해당 지역의 생태발자국지수가 1 이하면 지속해서 자급자족할 수 있음을 의미한다. 이 지수가 1을 넘어가면 소비량이 자체 공급량을 초과하기 때문에, 부족한 만큼 외부에서 수입해서 충당하거나 미래세대에 할당된 자원을 가져다 소비해야 함을 뜻한다.

인간 활동을 토지라는 한 가지 단위로 환산한 것이기 때문에 생태발자국지수는 상대적 비굣값이다. 요컨대 생태발자국지수가 높을수록 절대적인 소비량이 많다는 뜻이 아니다. 그 지역의 토지 생산성, 자원을 재생산하거나 이산화탄소 같은 인류의 배출물을 흡수할 수 있는 토지 면적보다 1인당 소비량이 많음을 의미한다. 이러한 평가 방식에는 분명 한계가 있지만, 생태발자국은 농업 생산성이 향상되려면 근본적으로 재생 불가능한 화석연료를 사용해야만 한다는 사실을 분명하게 알려준다. 지구의 자원은 한정되어 있고, 이 때문에 인간은 자연 자원의 용량 한도 내에서 생활해야만 한다는 점을 강조하는 것이다.

생태발자국지수는 글로벌헥타르global hectare, gha 단위로 표시한다. 이는 해당 연도의 세계 평균 생물학적 생산성을 구한 다음 이에 해당하는 면적을 헥타르 단위로 나타낸 것이다. 이런 표시 방식은 각 지역의 생물학적 생산성을 표준화하기 때문에 전 지구적으로 비교할 수 있으며, 그동안 산출 과정에서 무시된 인간의 환경 영향력을 반영할 수 있다. 예를 들어 농경지 생산성이 세계 평균 생산성의 2배라면 농경지 실제 면적 1헥타르의 생산성은 2글로벌헥타르가 된다. 반대로 생산성이 세계 평균의 절반인 목초지 1헥타르의 생산성을 면적으로 환산하면 0.5글로벌헥타르가 된다.

그리고 생태발자국을 인간개발지수Human Development Index, HDI와 결합하면 한층 더 구체적이고 객관적으로 지속가능한 개발을 평가할 수 있다. HDI란 그 나라 국민의 기대수명과 교육과 소득의 수준 등을 바탕으로 추산하며, 0과 1 사이의 숫자로 표시한다. 유엔개발계획United Nations Development Programme, UNDP에서는 0.7 이상을 상위 수준의 개발 기준으로 정하고 있다. '글로벌 지속가능 개발의 실현 영역'(그림 5-12의 회색 구간)에 도달하려면, 1인당 생태발자국지수가 1.7글로벌헥타르 이하면서 HDI가 0.7 이상이어야 한다.

그림 5-12에서는 이러한 지속가능 개발을 하는 나라가 극소수임을 명확하게 보여준다. 〈한국생태발자국보고서 2016〉에 따르면, 우리나

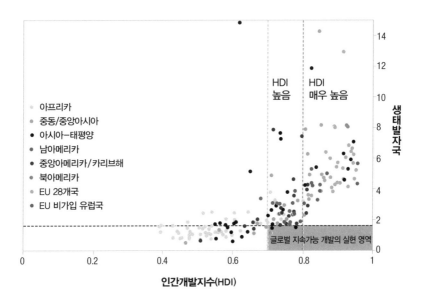

| 그림 5-12 | **국가별 생태발자국과 인간개발지수를 함께 나타낸 도표**(2018)[10]

라의 1인당 생태발자국은 1980년에 2.3글로벌헥타르에서 2012년에 5.7글로벌헥타르로 대폭 상승해서 세계 20위를 기록했다.[9] 2012년에 우리나라의 HDI는 0.897로 세계 23위였다. 이는 당시 세계 평균 생태발자국지수인 1.7글로벌헥타르의 3배가 넘는 수치다. 그나마 다행인 점은 2019년 기준 자료에서는 3.59로 내려갔다는 사실이다.[11] 그래도 여전히 현재의 소비수준을 충족하려면 현재 우리나라가 보유한 생산 가능 토지 면적의 6배가 필요한 실정이다. 아울러 이는 환경을 희생하지 않고 삶의 질을 높이는 노력이 아직 많이 부족함을 반증하는 것이기도 하다.

결국 생태발자국을 줄이기 위해 생각을 전환해야 한다. 다행히 플라스틱 쓰레기를 범지구적 차원의 위협으로 보는 대중의 인식이 점차 높아지고 있다. 산업현장에서 가정에 이르기까지 폐플라스틱 배출을 최대한 줄이고reduce, 재사용reuse과 재활용recycle은 최대한 늘리려는 '3R 전략3R strategy'이 전 세계적으로 추진되고 있다. 하지만 안타깝게도 3R 전략으로 이미 바다를 점령한 미세플라스틱 문제를 해결할 수는 없다. 그런 데다가 철기시대에 이어 '플라스틱 시대'라고도 불리는 현대를 살아가면서 플라스틱과 완전히 결별하는 것도 실현 불가능하다.

다행히 플라스틱 분해 미생물이 바다에 있다. 이들은 플라스틱 표면에 들러붙어 능력을 발휘한다. 이렇게 달려드는 미생물이 좀 더 쉽게 분해할 수 있는 플라스틱을 만들어 사용한다면 앞으로 미세플라스틱이 발생하는 것은 막을 수 있다. 다시 말해 당면한 미세플라스틱 문제를 해결하기 위해서 3R 전략을 추구하는 동시에 미생물을 재설계해야redesign 한다. 현재 미생물 재설계는 첨단 바이오 기술을 동원해서 두 가지 방향으로 추진되고 있다. 생분해가 잘되는, 쉽게 말해서 잘 썩는 플라스틱 원료를 생산하는 미생물과 플라스틱 분해능력이 뛰어난 미생물을 각각 개발하려는 연구가 활발하게 진행되고 있다.

"자연! 우리는 자연에 둘러싸여 자연과 하나가 되었다. 자연에서 떨어져 나올 힘도, 자연을 넘어서 나아갈 힘도 없이."

현재 세계 최고의 권위를 자랑하는 과학 학술지 《네이처》 1869년 11월 4일 자 창간호 머리글을 여는 독일의 대문호 요한 볼프강 폰 괴

테Johann Wolfgang von Goethe의 아포리즘이다. 머리글을 쓴 당대의 거물 생물학자 토머스 헉슬리Thomas Huxley는 괴테의 말을 인용해 자연의 위대함에 대한 경외심을 강조함으로써《네이처》창간에 의미를 부여하고자 했을 것이다. 나아가 21세기를 살아가는 우리에게, 인간 중심적 환경관에서 벗어나 생태주의적 가치관으로 의식을 전환하지 않고는 근본적으로 환경문제를 해결할 수 없다는 메시지를 남긴 것으로도 보인다. 이러한 생각전환rethinking, 곧 다섯 번째 R이 나머지 4R이라는 네 바퀴로 가는 자동차의 운전자가 될 때 비로소 당면한 환경문제를 제대로 해결해 나갈 수 있을 것이다.

:

생존을 위한 뜻밖의 기술, 세균노화

인간은 말할 것도 없고 동식물 역시 노화를 거스를 수 없다.《표준국어대사전》에서는 노화를 '질병이나 사고에 의한 것이 아니라 시간이 흐름에 따라 생체 구조와 기능이 쇠퇴하는 현상'이라고 정의한다. 이를 생물학적으로는 '시간의 흐름에 따라 외부 자극에 대한 반응이 저하되고 항상성을 유지하는 능력이 감퇴해 외부 스트레스에 취약해지고 질병에 대한 감수성이 증가해 병에 걸릴 가능성이 커지는 변화 과정'이라고 말할 수 있다.

생물학적으로 보면 노화는 세상에 태어나는 순간부터 이미 시작된다. 세포 수준에서는 세포가 본디 갖고 있던 만능성을 잃어버리고 운명이 정해지는 그 순간, 곧 낭배기에 진입하면서 노화가 본격화된다고 할 수 있겠다. 세포노화는 여러 가지 내적, 외적 요인으로 인해 일어나는 매우 복잡한 과정이다.

세균도 늙는다

현대 생물학이 산화스트레스oxidative stress를 비롯해서 몇 가지를 노화의 주요 원인으로 파악하고 활발한 연구를 진행하고 있지만 세포노화의 원리는 아직 완전히 밝혀내지 못했다. 산화스트레스란 체내에 활성산소가 많아지면서 생체 내 산화 균형이 무너져 유해 활성산소 생성이 급증하는 상태를 말한다. 이렇게 산화스트레스가 증가하면 유해 활성산소가 DNA와 효소 단백질 같은 세포를 구성하는 핵심 물질을 산화, 쉽게 말해 태워버린다. 그 결과 세포 수명이 서서히 단축되고 결국 개체의 수명도 줄어든다.

전통적으로 세균은 늙지 않고 죽지도 않는다고(죽임을 당할 수는 있지만) 생각해왔다. 세포 하나가 곧 개체인 세균 대부분은 자라서 2배로 커지면 똑같은 크기의 세균 2개로 거듭나기 때문이다. 뭉치면 살고 흩어지면 죽는다는 경구와는 반대로 분열할수록 더 잘 사는 셈이다. 그

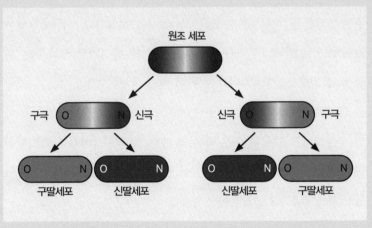

| 그림 5-13 | **세균의 이분법**

런데 2005년에 이런 오랜 통념을 깨는 연구 결과가 발표되었다.[12]

이분법은 큰 두부 한 모를 등분해서 두 모로 나누는 것과 같다. 나뉜 각 두부에는 원래 두부의 한쪽 면과 함께 새로운 절단면이 생긴다. 세균세포로 치면 분열 전 세포의 벽을 구극old pole, 새로 합성된 이전 세포벽의 반대쪽 세포벽을 신극new pole이라고 한다.

구극을 보면 각 세균세포의 분열 순서, 곧 나이를 매길 수 있다. 그리고 세포 겉모양은 같아 보여도 나이가 다르면서 생기는 기능적 차이가 있다. 이분법은 먼저 DNA를 복제하고 세포 구성물질을 양분한 다음 세포가 2개로 나뉘는 순서로 진행되는데, '세포 구성물질 분할에 따른 질적 비대칭성asymmetric cell division'이 있는 것으로 확인된 것이다.

우리도 세균처럼 노화를 극복할 날이 올까?

세균노화 연구는 주로 미세유체공학microfluidics 기술을 이용해 수행한다. 미세유체공학은 폭이 마이크로미터 수준인 미세관에 미량의 액체 주입과 배출을 자유자재로 조절하며 원하는 실험과 검사를 수행하는 기술이다. 이를 미생물학에 적용하면 세균 한 마리의 성장과 분열 모습을 그대로 관찰할 수 있다. 여기에 첨단 생체이미징bio-imaging 기술을 입히면 DNA와 단백질 같은 생체분자의 활동과 상태, 상호작용 따위를 실시간으로 살펴볼 수 있다. 간단히 말해서 굵기가 머리카락의 100분의 1 정도이고 한쪽 끝이 막힌 미세관에 세균 한 마리를 넣고 고성능 형광현미경으로 관찰하는 것이다.

세균도 살아가면서 산화스트레스를 받을 수밖에 없다. 따라서 세포

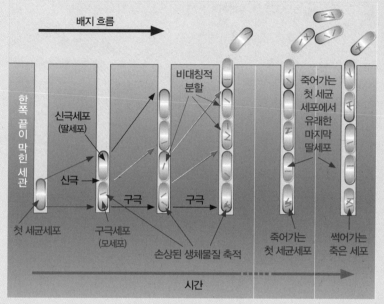

배지 흐름

비대칭적
분할

죽어가는
첫 세균
세포에서
유래한
마지막
딸세포

한쪽 끝이 막힌 세관

신극세포
(딸세포)

신극

구극

구극

첫 세균세포

구극세포
(모세포)

손상된 생체물질 축적

죽어가는
첫 세균세포

썩어가는
죽은 세포

시간

| 그림 5-14 | **생체이미징 기술을 활용한 세균노화 연구**

내에 손상된 단백질이 생기게 된다. 세균은 손상된 단백질을 구극으로 편향시킨다. 이렇게 되면 세포분열을 거듭할수록 구극세포는 기능적 노화가 빨라지고 결국에는 죽음을 맞게 된다. 한 번 더 생각해보면 세균세포 분열의 질적 비대칭성은 놀라운 생존 기술이 아닐 수 없다. 만약 부실한 생체물질을 똑같이 나누어 가진다면, 노화는 개체군 수준에서 일어날 것이고 결국에는 개체군이 소멸할 테니 말이다.

이러한 기술의 발전에 힘입어 이제는 세균의 노화를 제대로 연구할 수 있다. 세균의 노화에 대한 이해가 인간 노화의 비밀을 풀어가는 데 어떤 도움을 얼마나 줄지는 미지수다. 하지만 변성에 따른 단백질 응집이 알츠하이머병과 파킨슨병의 주요 발병 원인으로 지목되고 있음을 고려할 때, 고령화와 맞물려 세계적으로 증가하는 퇴행성 뇌질환 치료 연구에 세균의 노화 현상이 중요한 실마리를 제공할 것으로 기대해본다.

참고문헌

•
•

Ⅰ. 생명시스템의 시간을 되돌려라

1) 잭 챌로너 지음, 김아림 옮김, 《세포The Cell》, 더숲, 2017(절판)

2) JH Choi et al, 2018, Interregional synaptic maps among engram cells underlie memory formation, *Science*, 360(6387):430-435.

3) Connectome Coordination Facility, https://www.humanconnectome.org/

4) Ron Sender et al, 2016, Revised estimates for the number of human and bacteria cells in the body, *PLoS Biol*, 14(8):e1002533.

5) Ronan O'Rahilly R, Fabiola Müller F, 1987, Developmental Stages in Human Embryos, Carnegie Institute of Washington, *Reproduced on The Endowment for Human Development with permission*, https://www.ehd.org/developmental-stages/stage1.php.

6) 임신육아종합포털 아이사랑, 육아: 월령별 성장 및 돌보기 - 신생아, https://www.childcare.go.kr/cpin/contents/030201010000.jsp.

7) JB Gurdon, 1962, The developmental capacity of nuclei taken from intestinal epithelium cells of feeding tadpoles, *J Embryol Exp Morphol*, 10:622-640.

8) Miguel Ramalho-Santos, Holger Willenbring, 2007, On the origin of the term "stem cell", *Cell Stem Cell*, 1(1):35-38.

9) AJ Becker et al, 1963, Cytological demonstration of the clonal nature of spleen colonies derived from transplanted mouse marrow cells, *Nature*, 197:452-454.

10) JA Thomson et al, 1998, Embryonic stem cell lines derived from human blastocysts, *Science*, 282(5391):1145-1147.

11) CA Cowan et al, 2005, Nuclear reprogramming of somatic cells after fusion with human embryonic stem cells, *Science*, 309(5739):1369-1373.

12) K Takahashi, S Yamanaka, 2006, Induction of pluripotent stem cells from mouse embryonic and adult fibroblast cultures by defined factors, *Cell*, 126(4):663-676.

13) 이충헌, 〈파킨슨병, 줄기세포 치료 길 열렸다〉, KBS 뉴스. 2022. 03. 17. https:// news.kbs.co.kr/news/view.do?ncd=7629227

II. 지구상 모든 존재를 살리는 숨쉬기의 과학

1) Brenneis RJ. et al. 2022. Atmospheric-and low-level methane abatement via an earth-abundant catalyst, *ACS Environ*, 2:223-231.

2) 최서윤, 〈인터폴 "지방 잘 태우는 다이어트약 'DNP' … 인체에 치명적" 경고〉,《아주경제》, 2015. 05. 06.

3) MedlinPlus, Muscle cells vs. fat cells, https://medlineplus.gov/ency/imagepages/19495.htm

4) 호흡 관련 기본 개념 설명은《토토라 미생물학 포커스》(강범식, 김웅빈 편역. 2019. 바이오사이언스)를 토대로 했음.

III. 인류의 기원을 읽는 정보 지도, 인간게놈프로젝트

1) 제임스 왓슨 지음, 최돈찬 옮김,《이중나선》, 궁리, 2019, 193쪽.

2) F Sanger, et al, 1977, Nucleotide sequence of bacteriophage phi X174 DNA, *Nature*, 265(5596):687-695.

3) RD Fleischmann, et al, 1995, Whole-genome random sequencing and

assembly of *Haemophilus influenzae Rd*, *Science*, 269(5223):496-512.

4) International Human Genome Sequencing Consortium, 2001, Initial sequencing and analysis of the human genome, *Nature*, 409(6822):860-921.

5) JC Venter, et al, 2001, The sequence of the human genome, *Science*, 291(5507):1304-1351.

6) P Nyrén, 2015, The history of pyrosequencing. *Methods Mol Biol*. 1315:3-15.

7) DA Wheeler, et al, 2008, The complete genome of an individual by massively parallel DNA sequencing, *Nature*, 452(7189):872-876.

8) National Center for Biotechnology Information, Genome Information by Organism, https://www.ncbi.nlm.nih.gov/genome/browse/#!/overview/

9) The Cost of Sequencing a Human Genome, https://www.genome.gov/about-genomics/fact-sheets/Sequencing-Human-Genome-cost

10) DG Gibson, et al, 2010, Creation of a bacterial cell controlled by a chemically synthesized genome, *Science*, 329(5987):52-56.

11) CR Woese, 2004, A new biology for a new century, *Microbiol Mol Biol Rev*, 68(2):173-186.

12) 김동규, 김응빈,《미생물이 플라톤을 만났을 때》, 문학동네, 2019에서 발췌·수정

13) Y Lee, et al, 2022, Oral administration of *Faecalibacterium prausnitzii* and Akkermansia muciniphila strains from humans improves atopic dermatitis symptoms in DNCB induced NC/Nga mice, *Sci Rep*, 12(1):7324.

IV. 박멸의 대상에서 팬데믹 시대의 생존 지식으로

1) SM Blevins, MS Bronze, 2010, Robert Koch and the 'golden age' of bacteriology, *Int J Infect Dis*, 14(9):e744-751.

2) B Theunissen, 1996, The beginnings of the "Delft tradition" revisited: Martinus W. Beijerinck and the genetics of microorganisms, *Journal of the History of Biology*, 29(2):197-228.

3) 에른스트 페터 피셔 지음, 박규호 옮김,《슈뢰딩거의 고양이》, 들녘, 2009.

4) "Ideas on protein synthesis (Oct. 1956)". Wellcome Collection.

5) M Cobb, 2015, Who discovered messenger RNA?, *Curr Biol*, 25(13):R526-R532.

6) J Monod, 1942, *Recherches sur la croissance des cultures bacteriennes*, Paris: Hermann.

7) A Lwoff, 1953, *Lysogeny. Bacteriological Rev*, 17(4):269-337.

8) J Lederberg, EL Tatum, 1946, Gene recombination in *Escherichia coli*, *Nature*, 158(4016):558.

9) F Jacob, E Wollman, 1954, Spontaneous induction of the development of bacteriophage during genetic recombination in *Escherichia coli* K12, *C R Hebd Acad Sci*, 239(3):317-319.

10) AB Pardee, F Jacob, J Monod, 1959, The genetic control and cytoplasmic expression of "inducibility" in the synthesis of -galactosidase by *E. coli*, *J Mol Biol*, 1:165-178.

11) F Jacob, J Monod, 1961, Genetic regulatory mechanisms in the synthesis of proteins, *J Mol Biol*, 3:318-356.

12) A Ullmann, J Monod, 1968, Cyclic AMP as an antagonist of catabolite repression in *Escherichia coli*, *FEBS Lett*, 2(1):57-60.

13) M Barron, 2022, Phage Therapy: Past, Present and Future, American Society for Microbiology, https://asm.org/Articles/2022/August/Phage-Therapy-Past,-Present-and-Future

14) J Zhu, et al, 2022, A bacteriophage-based, highly efficacious, needle and adjuvant-free, mucosal COVID-19 vaccine, *mBio*, 13(4):e0182222.

V. 바이오가 환경위기시계를 되돌릴 수 있을까?

1) Lee Kump et al, *Earth System*, Pearson, 2004.

2) 기상청, 〈지구대기감시보고서〉, https://kosis.kr/edu/visualStats/detail.do?ixId =250&ctgryId=C_01_02&menuId=M_05

3) IPCC, 2022, Climate Change 2022: Mitigation of Climate Change, Summary for Policymakers. p.10. https://www.ipcc.ch/report/ar6/wg3/figures/ summary-for-policymakers/IPCC_AR6_WGIII_FigureSPM1.png.

4) United States Environmental ProtectionAgency, 2022, Understanding Global Warming Potentials. https://www.epa.gov/ghgemissions/ understanding-global-warming-potentials.

5) ZY Du et al, 2018, Enhancing oil production and harvest by combining the marine alga *Nannochloropsis oceanica* and the oleaginous fungus *Mortierella elongata, Biotechnol Biofuels*. 11:174.

6) XA Walter et al, 2017, Urine transduction to usable energy: A modular MFC approach for smartphone and remote system charging, *Applied Energy*, 192:575-581.

7) PJ Ehrlich, JP Holdren, 1971, Impact of population growth. *Science*, 171:1212-1217.

8) WE Rees, 1992, Ecological footprints and appropriated carrying capacity: What urban economics leaves out, *Environment and Urbanization*, 2:121- 130.

9) 세계자연기금 한국본부, 2016, 〈한국 생태발자국보고서〉, 24쪽.

10) Global Footprint Network, 2016, Sustainable development: two indices, two different views. https://www.footprintnetwork.org/content/ uploads/2022/12/2022-EF-HDI-v2-1.jpg

11) 표희진, 2023, 《시·도별 생태발자국(Ecological Footprint) 지수 산정과 시사점》, 국토연구원WP 23-01, 23

12) EJ Stewart, et al., 2005. Aging and death in an organism that reproduces by morphologically symmetric division, *PLoS Biol*, 3(2):e45.

ㅍ

이 책은 2022년 대한민국 교육부와 한국연구재단의 지원을 받아 수행한 연구를 바탕으로 집필하였음(NRF-2022S1A5C2A04093488).

생물학의 쓸모

초판 발행 · 2023년 6월 30일

지은이 · 김응빈
발행인 · 이종원
발행처 · (주)도서출판 길벗
브랜드 · 더퀘스트
출판사 등록일 · 1990년 12월 24일
주소 · 서울시 마포구 월드컵로 10길 56(서교동)
대표전화 · 02)332-0931 | **팩스** · 02)323-0586
홈페이지 · www.gilbut.co.kr | **이메일** · gilbut@gilbut.co.kr
대량구매 및 납품 문의 · 02) 330-9708

기획 및 책임편집 · 안아람(an_an3165@gilbut.co.kr) | **편집** · 박윤조, 이민주 | **제작** · 이준호, 손일순, 이진혁, 김우식
마케팅 · 한준희, 김선영, 이지현 | **영업관리** · 김명자, 심선숙 | **독자지원** · 윤정아, 최희창

표지 디자인 · 김종민 | **본문** · 정현주 | **교정교열** · 조한라 | **CTP 출력** · **인쇄** · **제본** · 예림인쇄

ISBN 979-11-407-0470-5 03470
(길벗 도서번호 040205)

정가 20,500원